# 建筑天线一体化研究

朱惠斌
郭明杰　蔡小勇　编著

華南理工大學出版社
SOUTH CHINA UNIVERSITY OF TECHNOLOGY PRESS
·广州·

图书在版编目（CIP）数据

5G时代建筑天线一体化研究/朱惠斌，郭明杰，蔡小勇编著．—广州：华南理工大学出版社，2019.4

ISBN 978－7－5623－5956－2

Ⅰ．①5…　Ⅱ．①朱…　②郭…　③蔡…　Ⅲ．①无线电通信－移动通信－通信技术－天线设计－研究　Ⅳ．①TN929.5

中国版本图书馆CIP数据核字（2019）第058010号

5G Shidai Jianzhu Tianxian Yitihua Yanjiu
5G时代建筑天线一体化研究
朱惠斌　郭明杰　蔡小勇　编著

---

出 版 人：卢家明
出版发行：华南理工大学出版社
（广州五山华南理工大学17号楼，邮编510640）
http://www.scutpress.com.cn　E-mail：scutc13@scut.edu.cn
营销部电话：020－87113487　87111048（传真）
责任编辑：黄冰莹
印 刷 者：佛山市浩文彩色印刷有限公司
开　　本：787mm×1092mm　1/16　印张：4.75　字数：88千
版　　次：2019年4月第1版　2019年4月第1次印刷
定　　价：38.00元

---

# 前　言

近年来，移动通信事业发展日新月异，用户规模飞速扩大。为了保障移动通信的顺畅，为用户提供更高、更优的网络服务质量，移动通信业务运营商不断加大网络建设力度，通过建设更多的无线基站来提高网络覆盖率，以达到全覆盖、无缝覆盖的目的。但随着无线基站、天线数量的不断增多，建筑物顶部高低不齐的天线抱杆、增高架、楼顶塔等移动通信天馈设施却很难与建筑及周围环境融合，造成视觉污染，影响了城市整体景观，有碍城市美化；不仅如此，裸露的天线会给越来越注重绿色环保的民众带来一种不安全感，引发民众的抵触情绪。移动通信建设和城市人居环境发展的不协调，使传统的裸露天线已经不能满足现代社会发展和通信建设的需要。故此，如何对天线加以处理来消除负面影响越来越受到各方面的关注。

各地运营商在移动通信基站建设中积极探索，不断总结经验。实践证明，美化天线是其中最好的解决措施，即在不增大传播损耗的情况下，通过各种手段对天线进行伪装、修饰来达到美化的目的，使之融入周围环境，既美化了城市的视觉环境，也减少了居民对无线电磁环境的恐惧和抵触，同时也可以延长天线的使用寿限，保证通信的质量。

5G 时代的到来对天线提出了新的要求，为了顺应 5G 时代的来临，本书总结了 5G 时代建筑天线一体化的概念，详细介绍了相关技术特点及相应产品说明，包括美化天线建设的相关经验。

全书包括三个部分，分为六章。第一部分为第 1 ～ 2 章，主要介绍了 4G 时代天线建设以及传统美化天线的研究等内容；第二部分为第 3 ～ 4 章，主要介绍了 5G 时代建筑天线一体化的相关内容；第三部分为第 5 ～ 6 章，针对 5G 超宽带美化天线，设计了一款美化定型宽带天线和适应于 5G 的车载通信的多端口 MIMO 天线，对现有天线工程设计具有参考意义。

本书由中国移动通信集团广东有限公司深圳分公司和广东盛路通信科技股份有限公司共同编写，写作过程中得到了双方公司领导和相关工程师的大力支持，在此表示感谢。同时也对书中引用文献的作者表示感谢。

由于作者水平有限，书中错误和不足之处在所难免，敬请专家和广大读者不吝指正。

作 者

2018 年 12 月 1 日

# 目　录

**第 1 章　4G 时代天线建设** ………… 1

1.1　4G 通信的特点 ………… 1

1.2　4G 通信的关键技术 ………… 2

1.3　4G 的网络体系结构及技术要求 ………… 11

**第 2 章　传统美化天线研究及 5G 时代天线需求变化** ………… 14

2.1　传统美化天线研究 ………… 14

2.2　5G 时代天线需求的变化 ………… 20

**第 3 章　5G 时代建筑天线一体化** ………… 26

3.1　引言 ………… 26

3.2　5G 关键技术及应用场景介绍 ………… 26

3.3　5G 时代基站天线研究现状介绍 ………… 27

3.4　5G 时代大规模天线系统的发展介绍 ………… 33

3.5　大规模 MIMO 天线架构分析 ………… 34

3.6　室内外一体化覆盖场景介绍 ………… 37

3.7　天线一体化设备应用场景分析 ………… 38

**第 4 章　5G 时代建筑天线一体化产品** ………… 40

4.1　原有一体化天线产品介绍 ………… 40

4.2　惠州广告牌一体化隐蔽天线产品介绍 ………… 46

4.3　一体化增强型美化天线产品应用介绍 ………… 49

4.4　一款高层建筑覆盖新型天线产品的应用及分析 ………… 51

4.5　华为为 5G 做准备发布的两款全新平台天线 ………… 52

**第 5 章　5G 超宽带美化天线设计** ………… 53

5.1　天线设计指标 ………… 53

5.2　天线设计图纸 ………… 53

5.3　天线测试报告 ………… 56

**第 6 章　适应于 5G 的车载通信的多端口 MIMO 天线** …………………… 60
6. 1　天线结构 ………………………………………………………… 60
6. 2　结果与原理分析 …………………………………………………… 61
6. 3　仿真结果 ………………………………………………………… 64
6. 4　结论 ……………………………………………………………… 66

**参考文献** …………………………………………………………………… 67

# 第1章　4G时代天线建设

移动通信技术的迅速发展，大致经历了几个发展阶段：第一代主要指蜂窝式模拟移动通信，其技术特征是蜂窝网络结构克服了大区制容量低、活动范围受限的问题。第二代是蜂窝数字移动通信，蜂窝系统具有数字传输所能提供的综合业务等优点。第三代是除了能提供第二代移动通信系统所拥有的各种优点，克服了其缺点外，还能够提供宽带多媒体业务，能提供高质量的视频宽带多媒体综合业务，并能实现全球漫游。第四代是4G移动通信技术，其移动通信系统同其他系统如商业无线网络、局域网、蓝牙、广播、电视卫星通信等能无缝衔接并相互兼容。4G移动通信技术具有更高的数据率和频谱利用率，更高的安全性、智能性和灵活性，更高的传输质量和服务质量。

4G通信，即第四代移动通信（The 4th Generation）的简称，是一个比3G通信更完美的新无线世界，它创造出许多消费者难以想象的应用。4G通信技术以传统通信技术为基础，并利用了一些新的通信技术来不断提高无线通信的网络效率和功能。如果说3G提供一个高速传输的无线通信环境的话，那么4G通信是一种超高速无线网络，一种不需要电缆的信息超级高速公路，这种新网络可使电话用户以无线及三维空间虚拟实境连线。[1]

## 1.1　4G通信的特点

4G具有超过2Mbit/s的非对称数据传输能力，它包括宽带无线固定接入、宽带无线局域网（WLAN）、移动宽带系统和互操作的广播网络。4G可以在不同的固定、无线平台和跨越不同频带的网络中提供无线服务，可以在任何地方以宽带方式接入互联网，它融合了3G的增强技术，集3G网络技术和WLAN系统为一体，系统能够以100Mbps的速度下载，比3G上网快50倍，上传的速度能达到20Mbps；可以提供定位定时、数据采集、远程控制等综合功能，能够满足几乎所有用户对于无线服务的要求[2]。4G是3G的演进与发展，具有如下显著的特点：

（1）传输速度更快。4G通信系统采用上下行非对称速率传输方式，其下行信道对低速移动用户的数据速率可以达到100Mbps，中速移动用户可以达到20Mbps，高速用户的数据速率可以达到2Mbps，这种高速的传输速度是4G系统的最显著特点。

（2）容量更大。工信部对4G网络的TD-LTE频谱分配频段分别为1880－

1900MHz、2320－2370MHz、2575－2635 MHz，频谱范围虽然极其有限但4G系统的频谱利用效率却远高于3G系统，因此4G承载更大的通信容量。

（3）接入灵活、连接无缝。4G系统网络使用的是全IP核心网络，兼容于各种无线接入协议，能够灵活接入和无缝切换于其他无线网络。

（4）业务广。4G系统提供宽频业务和多业务信息融合技术，能够支持高清图像业务、视频会议、广播电视及游戏娱乐其他虚拟通信业务等。[3]

## 1.2 4G通信的关键技术

4G的关键技术包括LTE技术（Long Term Evolution，简称LTE）、OFDM技术（正交频分复用技术）、智能天线、软件无线电（SDR）、移动IPv6等，现对其做如下介绍。

### 1.2.1 LTE技术

LTE是long term evolution第一个字母大写的缩写，中文释义就是“长期演进”。不同于人们所认为的那样，LTE并非4G技术，如果硬要这样定性的话，LTE技术是3G向4G技术发展的过渡，被人们称为3.9G技术的全球化标准。LTE技术对OFDM技术和MIMO技术加以利用，并且对3G空中接入技术进行了改进，可以在一定条件下为上行和下行提供86Mbit/s和326Mbit/s的峰值速率。通过对该创新形式加以利用，LTE技术使得边缘用户的性能在很大程度上得到了提高，同时还提高了小区容量，使得系统的延迟问题得到了改善。[4]

LTE技术的优点：①通信速度快，灵活性较强。随着社会的不断发展，4G移动通信系统的传输频率在理论上能够达到上行50mbps，下行能够达到100mbps，此传输速度是3G传输速度的40～60倍。另外，LTE技术还能实现跨区域视频会议的召开，并且可以在会议进行中传输大量的高清视频，提高了人们的生活及工作水平。②功能涵盖面较广且性能较好。随着科技的不断发展，4G网络已经深入到人们的日常生活中，并且4G通信网络在手机终端以及移动通信设备的应用也取得了新的突破。LTE技术在实际的应用过程中，具有强大的智能性，能够在不同的网络环境下对自身进行调节，还能够快速适应相应的工作环境，能够满足Android操作系统、IOS软件的不同需求。另外，LTE技术还能够将媒体终端和语音通话、视频通话、电视直播等相关功能进行有效融合，通过相应的平台实现对相关信息内容的共享。③能够降低无线网络的延迟。LTE技术的应用能够有效地降低数据在传输过程中的延时，主要是由于 LTE 系统在实际的应用过程中采用的是最小的交织长度（TTI），能够保证最小单位的延迟小于5ms，基本帧长度为0.4ms，另外，由于 TD-SCDMA 系统的兼容性较强，部分帧长采用0.675ms，无论是哪种情况，都能满足兼容性，有效地降低了数据信息的传输延迟。[5]

### 1.2.2 OFDM 技术

OFDM 技术，是一种无线信道高速数据的传输技术，是一种多载波复用技术。通常来说，OFDM 技术有着抵抗多种干扰的优点，因此其主要应用于数据传输环境较差的通信中，即便存在外界干扰，OFDM 技术也能够发挥其数据传输的作用，图1-1为 OFDM 系统框架图。OFDM 技术能够对信道进行划分，被划分之后的子数据流能够取代传统的串行数据信号，从而提升了数据传输效率，降低了对通信信号的干扰。

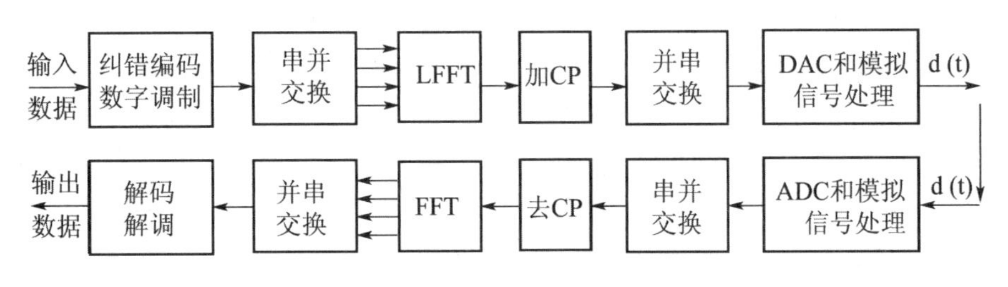


图1-1　OFDM 系统框架图

OFDM 技术原理：OFDM 技术的基本思想是将高速数据流分解成多个低速数据流，使各个低速数据流在不同的子载波上并行传输，并同时使各载波间正交，减少由于 ISI 所带来的性能损失。

OFDM 技术优点：①抗干扰能力强。OFDM 技术能有效抵抗频率选择性衰落。通过串并变换以及添加循环前缀，减少系统对信道时延扩展的敏感程度，大大减小 ISI，克服多径效应引起的 ICI，保持子载波之间的正交性。②频谱利用率高。OFDM 系统利用各个子载波之间存在正交性，以及允许子载波的频谱相互重叠，实现最大限度地利用频谱资源。③系统结构简单。OFDM 系统具有优良的抗多径干扰性能和直观的信道估计方法，无须设计单载波系统所需的复杂均衡器，若采用差分编码甚至可以完全不用均衡。随着 FIFT 和 FFT 实现变得非常容易，采用 FIFT/FFT 技术快速实现信号的调制和解调的 OFDM 系统也降低了复杂性。④易与其他多址方式相结合。OFDM 系统易于构成 OFDMA 系统，并能与其他多种多址方式相结合使用，使得多个用户可以同时利用 OFDM 技术进行信息的传输。⑤动态子载波和比特分配。无线信道存在频率选择性，由于不可能所有的子载波都同时处于比较深的衰落情况中，OFDM 充分利用信噪比较高的子信道。

OFDM 的劣势：①存在较高的功率峰值与均值比（PAPR）。OFDM 信号由多个不同的调制符号独立调制的正交子载波信号组成，传输的数据序列决定它们的相位。这些子载波信号可能同相，幅度上相加在一起，产生很高的峰值幅度，导致出现较大的 PAPR，即对发射机内放大器的线性范围提出了很高的要求。②对载波频偏和相位噪声敏感。对于 OFDM 系统，若射频收发载频不一致或多普勒频移影响使发射机和接收机的频率偏移比较大，各个子载波之间的正交性将会下降，从而引起 ICI。同样，相位噪声也会导致频率扩散，形成 ICI，使系统性能大大下降。[6]

### 1.2.3 智能天线

智能天线主要由天线阵、波束形成网络和自适应控制网络三部分组成。其中天线阵列是收发射频信号的辐射单元，常用的阵列形式有直线阵列与圆阵。波束形成网络则将来自每个单元天线的空间感应信号加权相加，其权系数为复数。自适应控制网络是智能天线的核心，该单元的功能是根据一定的算法和优化准则来调节各个阵元的加权幅度和相位，动态地产生空间定向波束[7]。

智能天线的基本工作原理分析：智能天线主要工作模式分为切换波束形成系统和自适应波束形成系统两种实现形式。其工作原理如图 1－2 所示。

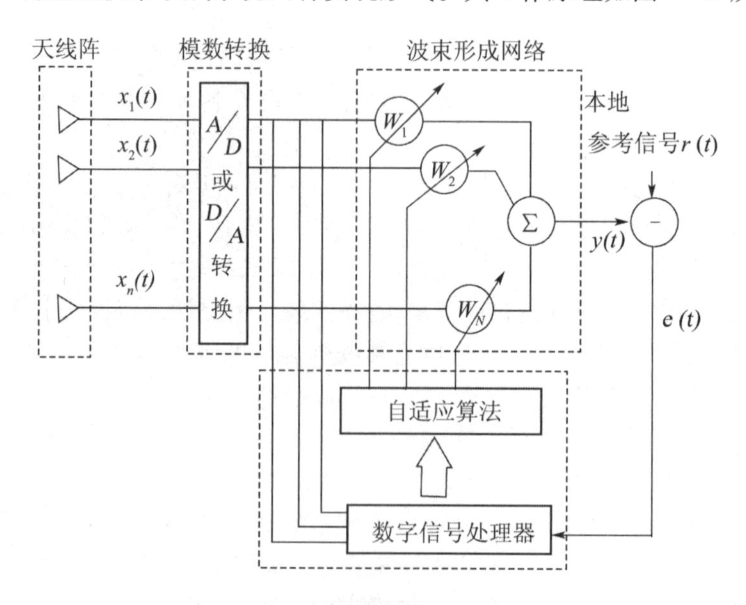


图 1－2　智能天线结构原理图

波束形成系统通过利用多个预定义的并行波束的切换来实现整个区域用户的全覆盖，各并行波束所指向的方向和宽度都是预先设定且相对固定的。当进行移动通信时，如通信的信号在信号覆盖范围内进行移动，为确保取得良好的通信质量，切换波束形成系统会通过计算选择最优信号接收方式，通过在预定义的并行波束中选择能够使接收信号电平最强的波束，通过所选用并行波束同时实现以移动通信信号的传输，从而获取良好的通信质量。采用此系统来进行通信的优点在于通过预定义的固定波束来实现各波束之间的最优切换，这一模式的采用实现的成本较低且技术易于实现，能够与现有基站进行较为方便的连接；不足之处则是无法对移动通信信号进行自适应跟踪。自适应波束形成系统主要由前端天线阵列和中央信号处理器所组成，两者之间形成一个闭环形式的反馈系统。反馈控制模块通过依靠某种判决准则（代价函数）动态地调整天线阵列的权值来调整天线的方向图，从而确保用户在通信时能够将方向图的最大增益方向对准期望用户，从而确保最佳通信质量。简单来说，就是在智能天线通信的过程中会包含有多种成分，既包含有期望振元所接收到的电磁信号，也包含其他因振元位置差异而存在的相角超前或是滞后及相位差。为实现信号的良好通信，在经过计算后对相应振元的相角和相位进行一系列的调整，而反馈单元主要是通过输出与期望信号的误差来实现对于控制加权参数的调节，以此来将智能天线的输出信号调整为最佳接收模式。[8]

智能天线技术的实现方案及其算法：①组件空间处理。组件空间处理方式直接对阵元接收信号支路加权，调整信号振幅与相位。使天线输出方向图主瓣方向对准用户信号到达方向。因为是阵元组件信号，模数转换（ADC）后不经其他处理直接加权，故又称组件空间处理方式。与组件空间处理方式的不同之处在于，信号从阵元组件接收并模数转换（ADC）后，需经相应处理得到彼此正交的一组空间波束，再经过波束选择，从中根据需要选取部分或全部波束合成阵列输出方向图。因为用户信号往往深埋于噪声信号与干扰信号中，不易得到阵元接收信号的最佳加权。采用波束空间处理方式可以从多波束中选择信号最强的几个波束，以取得符合质量要求的信号，这样可以在满足阵列接收效果的前提下减少运算量和降低系统复杂度。②智能天线算法。作为提高移动通信系统容量的重要手段，智能天线主要在基站作用。对于收发共用类型全向智能天线，采用TDD（时分双工）方式的自适应天线更为合适。FDD（额分双工）方式由于上行（从用户到基站）与下行链路（从基站到用户）有45MHz或80MHz频率间隔，信号传播的无线环境受频率选择性衰落影响各不相同，故根据上行链路计算得到的权值不能直接应用于下行链路。在TDD方式中上行与下行链路间隔时间短，使用相同频率传输信号，上、下行链路无线传播环境差异不大，可以使用相同权值，故TDD方式优于FDD方式。未来移动通信系统工作频率更高，在满足半波长阵元间隔条件下，天线尺寸可以做得更小，使在移动用户端使用智能天线也成为可能。

智能天线技术在通信系统的应用：①形成多个波束。通信传输过程中，在同等覆盖面积的条件下，覆盖区域波束越多则通信质量越好。基于这一客观实施，智能天线将单一波束分成多个波束，从而达到增强信号质量的目的。例如，在一个实现了信号全覆盖的小区内，如果直接用一个波束完成360°的全覆盖，其信号传输质量可能只有40%；但是如果将小区划分为3个部分，即每个波束完成120°的覆盖，则信号传输质量可以达到60%左右；同样的，继续将覆盖面积进行细分，其信号传输质量也会不断地提升，最终无线趋近于100%。当多个波束同时工作时，移动台从一个波束移动到另一个波束，通信信号质量受到的干扰也会明显降低，保证了通信信号的稳定性。②形成自适应波束。自适应波束的应用原理与多波束有一定的类似性，但是自适应波束可以自动获取目标（覆盖）区域业务量的变化，有利于智能天线工作效率的提升。自适应波束与多波束最明显的区别在于：多波束覆盖环境下，移动台的切换需要人为控制，而在自适应波束覆盖环境下，智能天线的控制中心可以自动定位该区域中的任何一个移动台。当移动台的位置发生变化后，可以根据覆盖范围的大小变化调整发射机的运行功率，从而确保自适应波束的相对稳定性。③形成波束零点。在移动通信系统中，为了提高频率利用率，通信公司常常会在原有系统容量的基础上额外增加一定的频道。这样一来，原有的通信系统中占有的频道数增加，相互之间容易产生交叉，形成干扰。同频干扰会导致信号的接收性变差，且输出的信号断断续续，严重影响通信质量。智能天线可以在阵列方向图上找出移动台的波束零点，然后基于波束零点减小收发两个方向上的同频干扰，在不增加系统容量的前提下，也能够保证智能天线信号的稳定性。④构造动态小区。普通天线虽然发射机功率有所不同，但是同一功率下的覆盖面积是相同的，即小区形状固定。这种静止状态下的小区，早期能够满足移动通信用户的需求，但是随着系统的升级换代，小区所承担的负荷增加，通信质量也会有所降低。基于波束自适应的动态小区，具备了自动跟踪和动态定位移动台的能力，从而根据业务量的变化构建形状多变的动态小区。根据实践经验，动态小区的边界范围根据同一区域内信道数量的变化而变化，尤其是在通信系统参数调整的初期，业务量的需求波动较大，由此也容易致智能天线的定位受到干扰影响。此时动态小区需要通过调整边界范围，从而更好地满足周边区域的信号传输、接收质量。

智能天线在移动通信领域的应用有很多优点，可以提高信号的抗干扰能力，改善了通信系统性能，具有波束自适应能力等。近年来，依托于信息技术的智能天线技术发展迅速，从最早应用于第三带通信系统，到即将迎来的5G时代，智能天线在其中扮演了不可替代的角色。通过分析智能天线的技术原理和应用方法，可以更好地满足电力用户的通信需求，提高服务质量，推动移动通信行业的可持续发展。

### 1.2.4　软件无线电（SDR）

软件无线电主要由天线，射频前端，宽带A/D、D/A转换器，通用和专用数字信号处理器以及各种软件组成，如图1－3所示。软件无线电的天线一般要覆盖比较宽的频段，要求每个频段的特性均匀，以满足各种业务需求。射频（RF）前端在发射时主要完成上变频、滤波、功率放大等任务，接收时实现滤波、放大、下变频等功能。模拟信号进行数字化后的处理任务全由数字信号处理（DSP）软件承担。为了减轻通用DSP的处理压力，通常将A/D转换器传来的数字信号，经过专用数字信号处理器件处理，降低数据流速率，并将信号变至基带后，送给通用DSP进行处理。

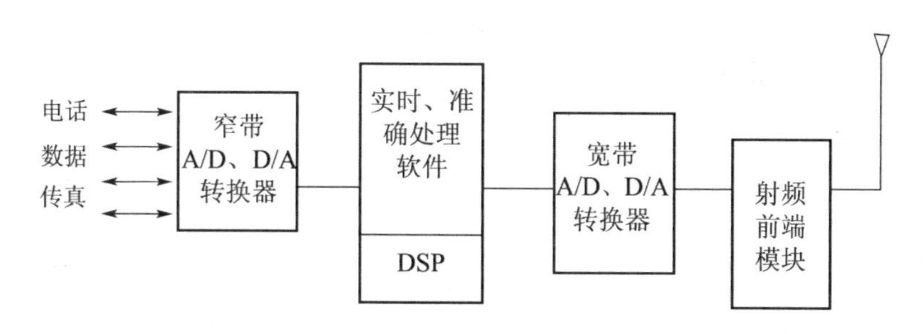


图1－3　软件无线电组成

软件无线电实现的体系结构可分为射频低通采样数字化结构、射频带通采样数字化结构和宽带中频带通采样数字化结构3种。射频低通采样数字化软件无线电结构简洁，它将模拟电路数量减少到最低程度。射频带通采样数字化的软件无线电结构与低通采样软件无线电结构主要不同是：A/D前采用了带宽相对较窄的电调滤波器，再根据所需的处理带宽进行带通采样。与目前的中频数字化接收机结构类似，宽带中频带通采样数字化与软件无线电结构都采用了多次混频体制（或称超外差体制），其主要特点是中频带宽更宽，所有调制解调等功能全部由软件实现。

软件无线电中的关键技术：①宽带/分频段天线。软件无线电台要求能够在相当宽的频段（从短波到微波）内工作，最好能研究一种新型的全向宽带天线，可以根据实际需要用软件智能地构造其工作频段和辐射特性。目前的可行性方案是采取组合式多频段天线。②多载波功率放大器（MCPA）。理想的软件无线电在发射方向上将多个载波合成为一路信号，通过上变频后，用MCPA对宽带模拟混合信号进行低噪音放大。因为混合信号中信号与信号的包络幅度相差很大，所以对放大器的非线性特别敏感，MCPA采用前向反馈技术抑制不需要的互调载波，得到有效的功率利用。③高速宽带A/D、D/A变换。A/D主要性能是采样速率和采样精度，理想的软件无线电台是直接在射频进行A/D变换，要求必须具有足够的采样速率。根据Nyquist采样定理，要不失真地反映信号特性，采样频率$fs$至少是模拟信号带宽$W_a$的2倍。为保证性能，在实际应用中常进行过采样处理，要求$fs>2.5W_a$。根据目前研究结果，其中一种解决方案是可用多个高速采样保持电路和ADC，然后通过并串转换降低量化速度，以提高采样分辨率。④高速并行DSP（DSP芯片是软件无线电必需的最基本的器件）。软件对数字信号的处理是在芯片上进行的。中频主要包括基带处理、比特流处理和信源编码三部分。基带处理主要完成各种波形的调制解调、扩频解扩、信道的自适应均衡及各种同步数字处理，每路需要几十到几百个MIPS的处理能力。比特流处理主要完成信道编解码（软判决译码）、复用/分解/交换、信令、控制、操作和管理以及加密解密等功能，每路需要几十个MIPS的处理能力。信源编码要完成话音、图像等编码算法，每信道需要十几个MIPS的处理能力。如此巨大的信号处理运算，必须采用高速多个DSP并行处理结构才有可能实现。⑤软件无线电的算法。软件的构造是对设备各种功能的物理描述建立数学模型（建模），再用计算机语言描述算法，最后转换成用计算机语言编制的程序。

软件无线电中的算法特点：①对信号处理的实时性。在时空上对算法的要求很高；②软件无线电算法应具有高度自由化（便于升级）和开放性（模块化、标准化）；③目前主要算法为数值法，但并不排斥其他算法或者多种算法的结合。

由于多种移动通信标准并存，使现有的移动通信标准族变得十分繁杂。从近期发展看，软件无线电技术可以解决不同标准的兼容性问题，为实现全球漫游提供方便；从长远发展看，软件无线电发展的目标是实现能根据无线电环境变化而自适应地配置收/发信机的数据速率，调制解调方式、信道编译码方式，甚至调整信道频率、带宽以及无线接入方式都智能化的无线通信系统，从而更加充分地利用频谱资源，在满足用户 QoS 要求的基础上使系统容量最大。随着 SDR 技术的不断成熟与发展，其在4G 中的作用越来越突出。[9]

### 1.2.5　移动 IPv6

移动 IPv6 的组成元素包括移动节点、家乡代理（家乡链路上的一个路由器）、通信节点、家乡地址（移动节点的 IP 地址）、转交地址（移动节点访问外地链路时的 IP 地址）、家乡链路、外地链路以及绑定作用 。其各组成元素之间的通信如图 1 –4 所示。

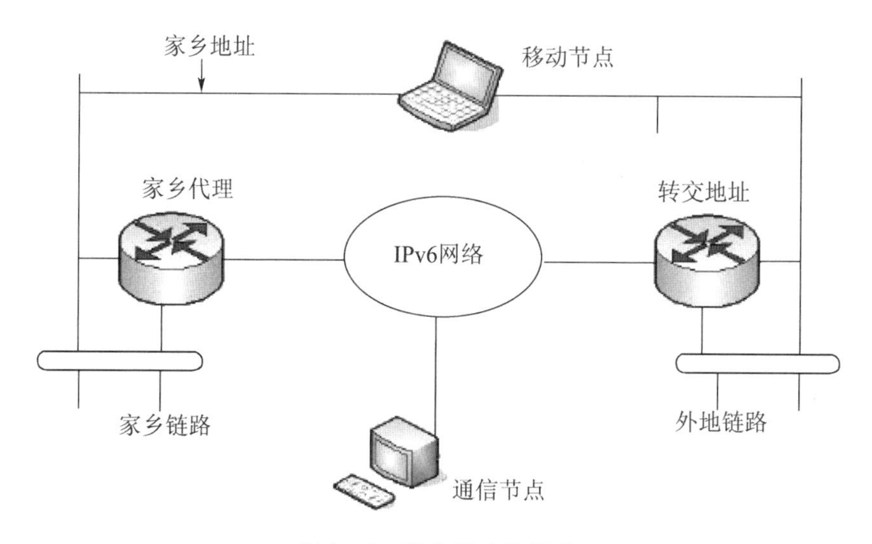


图 1 –4　移动 IPv6 的组成

移动 IPv6 的工作原理及流程：当移动终端位于家乡链路时，通过家乡链路的 IP 路由机制分组转发数据，因为移动终端未离开家乡链路，所以通信模式在家乡网络中不作任何改变，不需要在终端设置移动 IPv6。当移动终端离开家乡链路连接到外地链路时，为了保持终端的通信畅通、不掉线，此时网络采用了移动 IPv6 协议，这一协议的使用，使得移动终端永远在线，并保持连接和业务的不被中断。移动 IPv6 工作流程如图 1 –5 所示，可通过以下几方面描述：

（1）归属代理和外区代理不停地向网上发送代理消息，用来告知网络自己的存在。

（2）移动终端收到这些消息，确定自己是在归属网还是外区网。

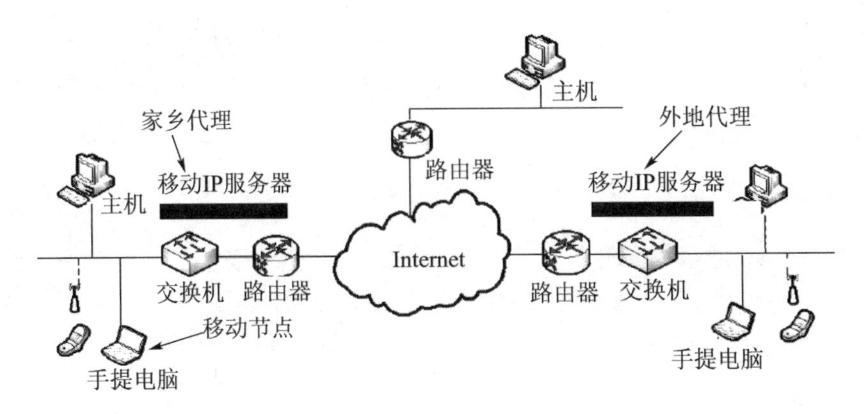


图 1－5 移动 IPv6 工作流程

（3）如果移动终端发现自己仍在归属网上，即收到的是归属代理发来的消息，就不启动移动功能；如果移动终端从外区重新返回，则向归属代理发送注册取消的功能消息，声明自己已经回归到归属网中。

（4）当移动终端检测到在外区网时，则会获取一个关联地址。然后移动终端向归属代理注册，表明自己已离开归属网，并把获取的关联地址通知归属代理。

（5）注册完毕后，所有通向移动终端的数据包都经归属代理发往外区代理，外区代理收到这些数据包后，再将其转给移动终端。这样，即使移动终端已由一个子网移动到另一个子网，移动终端的数据仍然在继续进行。因此，处于外区网的移动终端通过上述过程来达到通信的畅通。

由于无线网络的 IPv4 技术存在的种种缺陷，因此它并不能满足下一代互联网的标准。针对这一问题，国际标准组织 IETF 研制了下一代互联网的基础通信协议——移动 IPv6。移动 IPv6 的优势主要体现在以下几个方面：

（1）IP 地址数量显著增加。移动 IPv6 技术发展之所以迅速，主要是由于它有 128 位灵活的地址空间，可以容纳更多的移动终端。因此，未来的每一种家电、器具、终端、设备、感应器、生产流程都可以拥有自己的移动 IP 地址。

（2）实现端到端的对等通信。传统的端到端的通信无法满足人们对下一代互联网中移动通信的要求。采用移动 IPv6 协议，移动终端获取一个全球 IP 地址，使通信真正实现全球任意点到任意点的连接。

（3）层次化的地址结构。移动 IPv6 技术不仅能提供大量的 IP 地址以满足移动通信的飞速发展，而且可以定义移动 IPv6 地址的层次结构，从而减小路由表的大小，并且可以通过区域地址和选路控制来定义某个组织的内部网络。

（4）较完善的安全机制。通过移动 IPv6 中的协议安全性可以对 IP 层上的通信提供加密/授权，保证数据的安全性。这样，移动 IPv6 技术可以实现远程企业内部网的无缝接入，并且可以实现永远连接。

（5）实现地址的自动配置。移动 IPv6 中主机地址的配置方法包括无状态自动配置、全状态自动配置和静态地址。这意味着在移动 IPv6 环境中的编址方式能够实现更加有效率的自我管理，使得移动、增加和更改都更加容易，并且显著降低网络管理的成本。

（6）服务质量提高。移动 IPv6 服务质量体系提出了一套移动网络中的信令协议，当移动主机从一个子网移动到另一个子网时，允许移动主机在当前位置的路径上建立和维持预留资源。

（7）移动性更好。移动 IPv6 技术实现了完整的 IP 层的移动性。特别是面对移动终端数量剧增，只有移动 IPv6 才能为每个设备分配一个永久的全球 IP 地址。由于移动 IPv6 很容易扩展，有能力处理大规模移动性的要求，所以它将能解决全球范围的网络和各种接入技术之间的移动性问题。

基于上述优点，使得移动 IPv6 的地址空间的选择更加灵活、结构更加简单，而且对 IPv6 的部署更加方便，并且促进了移动 IPv6 技术在下一代互联网、商用网络中的广泛应用。[10]

## 1.3 4G 的网络体系结构及技术要求

### 1.3.1 4G 的网络体系结构

与 3G 的蜂窝网络不同，4G 运用的是适用于整个世界的蜂窝核心网，它结合了数字化 IP 技术，其体系结构如图 1 – 6 所示。这实质上是网络智能化发展的全过程，也就是从内部到边缘再到全网的演变过程。核心网所采取的接入方式有很多种，IEEE802、WCDMA、蓝牙等均可。另外，不同的用户设备会有一个不同的识别号码，在分层结构的基础上，完成异构系统的操作目标。该结构可让多项业务直接连接 IP 核心网，其可行性和拓展空间都较大。IP 核心网与骨干网将来都会融合宽带 IP 及光纤网这两项技术。根据蜂窝功率的不同，可将 4G 网络分为宏区基站、微区基站、微微区基站三种类型。

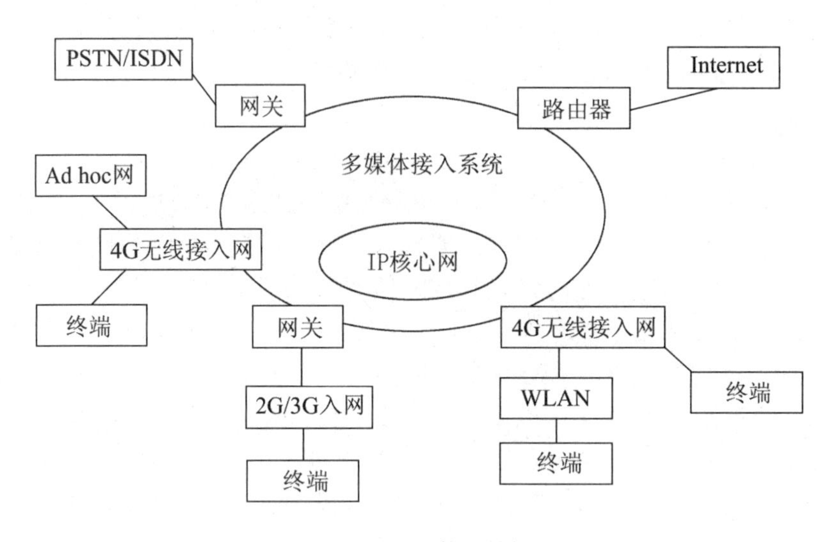


图1-6　4G体系结构

### 1.3.2　4G标准的技术要求

不论如何定义和解释4G通信，有一点必须承认，4G要比3G更高速、更完美，它满足了以下技术要求。

（1）技术水平高、通信速度快。早期4G通信的研究工作旨在促进蜂窝电话及其移动设备能更快地通过无线方式访问网络，从这一点看，4G通信具有非常显著的高速无线通信的特征。4G通信往往会运用OFDM（正交频分复用）、无线接入、光纤通信等先进技术，让通信系统在各类分组业务中都能得到运用，其数据传输速率突破了100Mbit/s。移动速率也得到了很大提升，相当于2009年最新手机的传输速率的1万倍左右，与3G相比，其速率也提高了50倍。另外，应用无线频率的实际效率有了很大提高。

（2）网络频谱大、发功射率不高。调查显示，单个4G通道所占据的频谱一般是100MHz，是3G网络的20倍，而其发射功率则比3G下降了1/100～1/10，很多电磁干扰现象都能避免和解决。

（3）接入方式多样化：4G系统有效地结合了多种无线接入技术（如移动IPv6等），其接入方式及接口受限条件较小，对于空间、时间等方面都没有要求，且传输速度超过150Mbit/s。4G通信终端设备在设计和使用上都趋向于智能化发展，不少移动通信设备采用了4G通信技术（如应用无线电等）。4G系统引进了先进的智能技术，使其资源得到了有效分配，同时还能有效地掌握通信工作中各类数据传输与处理的变化情况，满足全方位的通信需求。运用智能信号传输技术可在不同的信道环境下接收和发送各种信号，这充分体现了4G通信的变通、智慧及适应性强的优势及特征。

（4）兼容性好。3G在全球范围都可以进行移动通信，但是由于没有统一的国际标准，导致了各移动通信系统彼此互不兼容，给手机用户带来了诸多不便。但是4G就不同了，我国的三大运营商的网络均平滑升级到4G制式。中国移动从TD-SCDMA、TD-LTE演进至4G，中国联通也从WCDMA、HSDPA、HSPA+、TD-LTE、FD-LTE演进到4G，中国电信从CDMA2000、TD-LTE、FD-LTE演进到4G，这样，网络制式在4G时代得到统一，不仅对消费者来说是好事，对于运营商来说也减少了技术壁垒。

（5）通信费用较低。4G通信的应用有效解决了3G中出现的兼容问题，帮助很多现行的通信用户实现了从3G到4G的成功过渡。同时4G通信中引进了很多先进的通信技术，与其他各类技术相比，4G通信使用起来更方便。另外，在构建该网络系统的过程中，运营商们基于4G通信网络考虑，还适时引入了新的网络技术及方法，以便更好地控制运营成本。

目前，全球的手机用户已突破了45亿，移动通信真正方便了人类之间的沟通与联系，人与人、人与互联网之间的双向互联正在实现。在智能手机上网用户中，3G移动通信技术凭借自身的优势得到了广泛运用。在智能手机价位及移动通信资费不断降低的今天，电脑上网将逐渐被移动手机所替代，4G移动通信运营商抓紧这一发展时机，在3G移动通信技术所提供的网络条件及有利环境下，不断更新和完善其自身结构。[11]

# 第2章 传统美化天线研究及5G时代天线需求变化

## 2.1 传统美化天线研究

### 2.1.1 传统天线引发的问题

近年来，移动通信事业发展日新月异，用户规模飞速扩张，为了保障移动通信的顺畅，为用户提供更高更优的网络服务质量，移动通信业务运营商不断加大网络建设力度，通过建设更多的无线基站来提高网络覆盖率，以达到全覆盖、无缝覆盖的目的。但随着基站、天线数量的不断增多，引发了一系列问题，使得移动通信建设和城市环境、小区居民之间的矛盾日趋激烈。

（1）影响城市环境。在城市，建筑物密集，且外形美观、错落有致，然而建筑物顶部高低不齐的天线抱杆、增高架、楼顶塔等移动通信天馈设施却很难与建筑及周围环境融合，成为视觉污染，影响了城市整体景观，有碍城市美化。特别是建筑物密集的中心城区，因站址资源紧张而使得多个通信运营商的基站共站址，故此，天线部分不得不争用方寸之地，林立的天线显得杂乱无章。

（2）居民抵触。近几年，有关电磁辐射的话题越来越多，社会上对电磁辐射的问题也越来越重视。尽管无线网络建设工程中电磁辐射设计能满足国家标准规定的公众辐射要求，但裸露的天线依然会给越来越注重绿色环保的居民带来一种不安全感。由于对电磁辐射的误解，不少居民表现出抵触情绪，个别小区甚至发生了阻挠基站施工的过激行为，从而增加了无线网络建设的难度。

（3）影响通信质量及天线寿命。天线裸露在外面，会受风雨、冰雹、日晒及冰冻等影响，很容易被破坏、老化，会影响通信质量，同时对天线的寿限有不良影响。[12]

### 2.1.2 美化天线的提出

移动通信建设与城市环境的矛盾以及小区居民对电磁辐射的误解，使得传统的裸露天线已经不能满足现代社会发展和通信建设的需要。故此，如何对天线加以处理来消除负面影响越来越受到各方面的关注。各地运营商在移动通信基站建设中积极探索，不断总结经验。实践证明，美化天线是其中最好的解决措施。“美化天线”也叫作“伪装天线”“隐藏天线”或“特形天线”，即在不增大传播损耗的情况下，通过各种手段对天线进行伪装、修饰来达到美化的目的，使之融入周围环境，既美化了城市的视觉环境，也减少了居民对无线电磁环境的恐惧和抵触，同时也可以延长天线的使用寿限，保证通信的质量。[13]美化天线的实现形式主要有天线加美化外罩、一体化美化天线，其实质都是对天线的外观或颜色进行改变。[14]

### 2.1.3　美化天线的设计要素

1. 技术性

实践表明，对天线进行美化和隐藏的过程中，容易造成信号的衰减，所以在对天线进行美化时，首先应保证覆盖效果和信号强度。此外，要使外罩材料对无线信号的衰减影响尽量降至最低，要保证基站的天线美化后其衰减幅度/变化不能超过1dB，在改变天线方向或倾斜角度时的无线信号总衰减不得超过1dB。

2. 安全和美观性

美化天线应具备抗强风、地震、酸雨、冰雪及防雷等功能。在产品结构设计和性能设计过程中，应充分考虑各种可能的现场情况，保证其结构的安全性及其性能和安装维护的便利性。同时，美化天线应保证美化体自身和周围建筑物与居民的安全。

3. 经济和耐用性

对天线进行美化的同时应当考虑经济成本和经济效益，尽量选用结构简单、通用性强的方案，这既能节省费用，又能降低施工难度。美化天线的材料强度要高，在各种恶劣的天气中能保持如耐高温、耐腐蚀的良好物理特性。

4. 维护性

美化天线的设计方案应便于天线的扩容和维护，为天线能自如调节预留一定的空间和位置，便于日后对天线改装或再次美化。[15]

### 2.1.4　美化天线的相关性能指标

美化天线在达到美化与隐藏效果的同时，必须满足一些性能指标，才能保证移动通信网络性能不受影响，因此应选择反射和传输损耗极小的材料制作成美化体，并考虑天线及天线架的结构强度、易加工度、防腐、防晒、防老化、抗雨淋、抗震等各方面的性能。

1. 美化天线外罩材料技术指标

天线美化一般采用外罩罩住天线，使天线隐藏在罩子内，天线外罩材料应选用损耗小、反射少的非金属材料。材料对无线信号的损耗与材料的结构、组成有关，需要进行测试才能确定损耗大小；信号反射通常与介电常数大小有关，介电常数越小，信号反射越少。常用非金属材料在10kM频率下的特性如表2－1所示：

**表2－1　常用非金属材料在10kM频率下的特性表**

| 材料 | 介电常数 | 损耗正切 | 备注 |
|---|---|---|---|
| 氧化铝（陶瓷） | 8.7～9.9 | 0.0006 | 纯度为96% |
| 氧化铝 | 9.0～9.5 | 0.0001 | 纯度为99.5% |
| 硼酸玻璃 | 5.74 | 0.0002 | |
| 聚四氟乙烯 | 2.1 | 0.00037 | |
| 聚苯乙烯 | 2.55 | 0.00043 | |
| 玻璃纤维强化聚四氟乙烯 | 2.6～2.7 | 0.0018 | |
| 石英纤维强化聚四氟乙烯 | 2.44～2.59 | 0.0008 | |

材料的选择要考虑以下几点：①介电常数尽量小，一般要求在5以下；②材料损耗小，损耗不超过1dB；③强度高；④绝缘性能和阻燃性好；⑤不易老化；⑥适用温度范围广；⑦易于加工、运输，安装方便。

考虑到各种材料的机械性能和物理性能，常用的非金属材料有玻璃钢，工程塑料PC，普通塑料PP、PE、ABS、PVC等，这些都具有较好的电气性能和物理性能，一般均可以满足美化天线材料的要求。但各种材料的性能还是有所区别，它们的性能比较如表2－2所示。

**表2－2　常用非金属材料性能区别表**

| 材料简称 | 材料全名 | 机械特性 | | | 物理特性 | | |
|---|---|---|---|---|---|---|---|
| | | 抗拉强度 | 抗压强度 | 抗弯曲强度 | 耐热性 | 防吸水性 | 防侵蚀性 |
| PVC | 聚氯乙烯 | 中 | 中 | 中 | 差 | 好 | 好 |
| 玻璃钢 | 环氧树脂加玻璃纤维 | 好 | 好 | 好 | 好 | 好 | 好 |
| ABS | 共聚物 | 中 | 中 | 中 | 中 | 好 | 好 |

续上表

| 材料简称 | 材料全名 | 机械特性 | | | 物理特性 | | |
|---|---|---|---|---|---|---|---|
| | | 抗拉强度 | 抗压强度 | 抗弯曲强度 | 耐热性 | 防吸水性 | 防侵蚀性 |
| PC | 聚碳酸脂 | 好 | 好 | 好 | 好 | 好 | 好 |
| PE | 聚乙烯 | 差 | 差 | 差 | 中 | 好 | 好 |
| PP | 聚丙烯 | 差 | 差 | 差 | 中 | 好 | 好 |
| PMMA（亚克力） | 聚甲基丙烯酸甲酯 | 中 | 好 | 好 | 好 | 好 | 好 |

表2－2中的这些材料的电气性能和物理性能如下：

（1）电气性能。

①介电常数。介电常数$e$的意义，是由某一电介质组成的电容器在一定电压的作用下所能得到的电容量$Q$，与同样大小的电容器（但介质为真空）的电容量$Q_0$之比值即：$e=Q/Q_0$。介电常数与材料有关，它反映材料对信号的损耗和反射大小，金属材料介电常数为无穷大，非金属材料介电常数很小，一般在10以下。介电常数越大，损耗越大，美化天线外罩尽量选用介电常数小的材料，表2－2中的这些材料介电常数都很小，其值处于2.1～3.7之间，透波性强，对无线信号屏蔽小，信号衰减幅度小于1dB。即使同一种材料，介电常数随着温度的上升而变大，但变化幅度很小，例如环氧树脂在温度0℃时，介电常数为2.67，在温度50℃时，介电常数为2.72。

②损耗正切。介质在电场的作用下，由于漏导、极化等各种因素造成电能转换成热能失散掉的现象，称为介电损耗。在交变电场作用下，电介质内流过的电流相量和电压相量之间的夹角（功率因数角）的余角，称为介质损耗角（$d$）。绝缘材料中，介电损耗的大小通常用介电损耗角正切，即$\mathrm{tg}d$来表示。表2－2这些材料的损耗正切值在$10^{-6}\sim2\times10^{-3}$之间，其值很小，表示绝缘性能好，损耗小。

（2）物理性能。

①电绝缘性佳；

②大部分材料强度比较高；

③PVC阻燃性最好，玻璃钢中等，其他材料均不防火；

④防腐、防紫外线、抗老化性能均较好，使用寿命可超过15年；

⑤适用温度范围广，在－40℃～120℃均可保持良好物理特性；

⑥加工运输及安装方便。

但是，它们的物理性能和机械性能还是有所区别的，其中ABS为非耐候性材料，不能在室外使用。PE材料韧性较好但强度及刚度较小，不宜制作尺寸较大的外罩。PVC综合性能较好，但却是普通塑料中最难加工的品种。玻璃钢的优点是能加工成不同形状的品种，制作容易，价格中上。聚碳酸脂价格最高，加工相对不容易。综合性能PC板和玻璃钢材料综合性能较好，可以作为推荐材料。[16]

2. 美化产品性能

（1）对电波强度的影响：在880～960MHz、1710～1880MHz、1900～2170MHz频段对信号的衰减不超过1dB。

（2）对驻波比的影响：在800M、900M、1800M和3G频段≤0.1dB。

（3）对天线波形图的影响：副瓣图形在－30dB时变化≤3dB；天线水平图形及垂直图形畸变（－3dB）≤0.5dB；主波束及第一向下副瓣偏转≤2°。

（4）工作环境温度范围：工作温度－40℃～＋60℃；极限温度－55℃～＋70℃；风速：工作风速110km/h，极限风速200km/h；摄冰：10mm不被破坏。

### 2.1.5 工程中应用的几种天线美化措施

随着通信事业的发展和人们审美情趣的提高，美化天线已经逐渐走进我们的生活，身边的一棵树、一个雕塑或是一个广告牌可能就是移动基站的天线所在地。可见，天线美化没什么固定的模式和方法，而是根据天线实际安装的环境来选取灵活、合适的美化方式，其根本思想是将天线进行修饰以使之融入到其所在的环境之中。在实际工程中常用的方式有以下几种：

（1）外墙装饰天线。现代建筑造型各异，我们可以利用这种不拘一格的建筑样式来安装天线，使之成为建筑的一个装饰、点缀。对于需要安装在建筑物外墙面的天线，可以将天线的抱杆、天线罩刷上与建筑物外墙一样的图案和颜色，减少视觉差异。这种方法成本较低，施工过程也十分简单，在实际工程中应用得最多。也可以将天线罩加上传播损耗率低的玻璃纤维罩，或伪装成假空调外壳或伪装成一个装饰造型，融于建筑物之中。

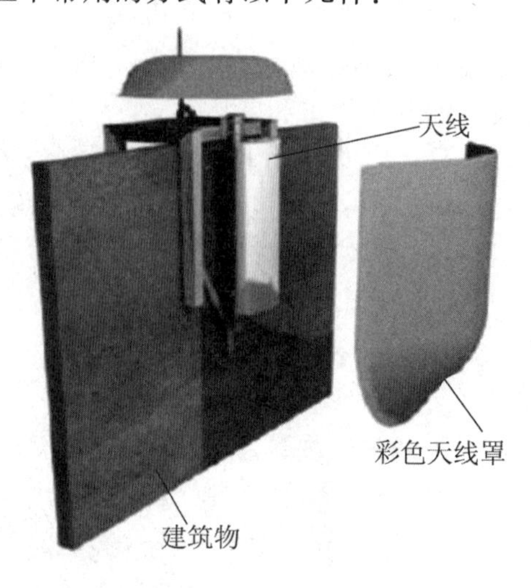


图2－1　外墙装饰天线

假外壳天线主要使用玻璃纤维等防腐、防晒、防老化等且对电波损耗小的材料，相对于利用涂料涂敷的方法成本要高，且施工过程稍为复杂。图 2－1 是安装在某小区高层外墙面的天线，它采用的就是玻璃纤维材料制成一个箱子外壳，内装天线安装在外墙面，使之看来像是建筑物本身的一部分。即使从近处观望，如果不是仔细观察，也很难发现天线的存在。这样，既达到了不破坏小区环境美化的要求，同时又非常好地隐蔽了天线，避免了小区内居民对天线辐射产生心理抵触。

（2）“绿化”天线。这里所说的“绿化”是指利用假树叶、树干来装饰天线抱杆和天线，从而达到修饰、美化移动通信基站天线的一种方法。对于一些对环境美化要求较高、需要立抱杆或较高天线杆的站点（如居民住宅小区、公园等）可以采取这种方式，居民看不到裸露的天线，甚至不知道小区、公园内已经安装了天线，从而避免了因天线辐射原因而使居民感到不安和抵触。

（3）隐藏天线。隐藏天线顾名思义，主要是将天线隐藏在建筑物或其他现有设施的特定位置使之不可见，从而达到天线美化的目的。这类天线不需要通过材料修饰，施工过程与一般天线安装没有区别，仅是位置不同而已，故与前两种美化方式相比，成本投入最小，施工最简单。但天线选点较为困难，同时也需要考虑天线辐射方向的阻挡问题。如建筑物顶部本身就已经架设有其他设施，且其对电磁波的损耗很小，如由塑料、纤维布料做成的广告牌等，则可以将天线隐藏在这些设施之后，以避免产生天线外立的现象，影响建筑物整体美观。也可以考虑将天线隐蔽在通风窗口、架空层中或其他任何可以安装并隐藏天线，但又不影响天线辐射方向的地方。街道上、小区内的落地广告牌、灯饰等也是较好的隐藏天线的设施。采用广告牌形式伪装的优点在于，广告牌可以适用于各种环境的小区，容易普及，无论是生产、备货或是方案设计、施工等各个环节都比较便利。也可以在现有的楼顶建设几个“烟囱”，将天线安装在里面，也能达到很好的效果，如图 2－2 所示。

图 2－2　隐藏天线

### 2.1.6 美化天线技术发展方向

随着移动通信的进一步发展，城市景观要求逐步提高，再加上居民个人健康意识的提升，美化天线必将得到更广泛的应用。美化天线的应用必须满足四个统一：城市景观与通信需求的和谐统一；外罩材质与射频性能的和谐统一；结构设计和安全维护的和谐统一；建设成本和美化效果的和谐统一。为了让美化天线更好地服务移动通信，各移动运营商和美化天线生产厂家在不断探索实践。今后美化天线可能有以下几个发展方向：

（1）小型化：为降低美化难度，改善美化效果，在满足覆盖效果的前提下，美化天线和美化天线外罩将越来越小。

（2）有源无源一体化：基站机房的选址、馈线的走线是城区建站的难点，将天线、美化外罩、功率放大器融为一体形成有源天线。基站近端与远端分离，只需要一根光电复合电缆即可实现远端所有射频功能，无须拉远基站、传输设备，建站难度将大大降低。

（3）天馈一体化：在一些特殊场景，如马路边，将天线、馈线、路灯杆融为一体，形成天馈一体化路灯杆，可达到最佳美化效果。天馈一体化设计可同样应用于监控杆、旗杆等。

（4）造型多样化：现有美化天线虽然品种不少，但大多形式单一，并已应用较长时间，居民很容易识别这类美化产品，美化效果越来越差。为达到理想的美化效果，必须对美化产品和美化方案不断创新，美化天线要贴近生活、形式多样。

（5）实用性：目前的美化产品均是仿造各种景观外形，并没有实际功效，时间一久难免会让人生疑。让美化体具有实物的功能，可加强美化效果，保证长久的伪装性。

（6）信息化：建立完善的美化天线库对于整个美化天线建设有着极其重要的作用。各移动运营商应建立规范的美化天线方案库，制定合理的建设流程，并不断完善优化。[17]

## 2.2 5G时代天线需求的变化

我国已建成全球最大的移动通信网络，目前移动通信网络建设和发展进入一个新的阶段，天线质量保障和技术升级是后4G及5G通信得以实现的基本前提。2016年全球数据显示，我国天线产业已经跃居全球第一，供货量占全球供货量的70%，我国的龙头企业已经位居全球的一级供货商。而交换系统和有线传输系统两大系列技术发展至今，都无法全面满足今天的互联网业务需求的爆炸增长对接入层面的阶跃要求，至少解决不了目前面临的无线频谱资源耗尽的困境。因此，无线接入技术的革命至关重要，且已成为当务之急。不仅如此，未来天线机电耦合的发展趋势包括高频段高增益、高密度小型化、快响应高指向密度以及结构功能一体化这几个方面，从而促使机械机构与电性能呈现强耦合状态，由此将能够更好地应对多场多域非线性问题。为了提高天线质量，在天线确定性设计中应注意这四个方面：天线仿真模型的合理近似、天线参数的敏感性分析、天线和环境的一体化设计以及天馈元件的多物理场分析。因此，为了适应5G时代的到来，天线需求也相应发生了变化。[18]

### 2.2.1　5G网络对天线性能的要求

传统无源天线不能满足5G网络需求，主要原因有以下几点：频段、空中接口、波束赋形和有源化。所以5G网络对天线性能提出了以下要求：

（1）支持新频段：5G将使用新的频段，包括3.5—4.5GHz的C波段，以及26—39GHz的毫米波频段，因此原有的无源天线在频段上不能满足需要。对于当前正在使用的3GHz以下频段，随着现有制式的逐步退网，有可能重新分配频率为5G所用，但届时的5G技术体制能否利用现有天线存在较大的不确定性，通道数、有源化等因素尚不明确，因此现有天线很可能无法支持低频段的5G系统。对于5G的毫米波频段，天线工作频率在26—39GHz，相比4G拥有更宽的频谱。单个辐射单元尺寸更小，在芯片大小的面积上配置更多的天线辐射单元，而现有基站天线的加工工艺将无法满足毫米波天线的精度要求，必须寻求新的解决方案。

（2）支持Massive MIMO多流传输：MIMO在香农定理的基础上引入一个全新的维度——天线数量，提高频谱效率。而Massive MIMO通过引入大规模天线阵列，实现数倍于LTE的频谱效率。因此，除了基带部分通过兑法实现多流传输，还需要射频部分具备大量的天线阵子和相应数量级的端口，才能将MIMO的性能发挥到极致，因此大规模天线阵列是实现Massive MIMO的硬件条件。而传统无源天线无论是阵子数量、端口数量还是系统架构，均不适应Massive MIMO的要求。

（3）精准波束赋形及跟踪：波束赋形和跟踪（Beamforming & Beamtracking）是5G系统的另一项关键技术。根据用户信道和干扰信道的位置，基带系统对大规模天线阵列各个端口的幅度和相位进行赋值，形成在水平和垂直维度均可灵活调节的窄波束，指向用户并进行实时跟踪，同时在干扰方向形成零陷，从而提高信噪比。而在传统基站天线结构中，多个阵子在垂直方向排成一列，天线端口通过纵向设置的馈电网络连接每个阵子，通过固定或者可调谐的移相器获得垂直面的波束调节能力，但在水平面无法调节，更不能实现窄波束实时灵活对准用户终端，进而无法通过空分复用提高频谱效率。性能要求方面，由于是整个阵列都参与赋形，所以不再苛刻要求每个阵子的性能，但对所有阵子或通道性能的一致性要求有所提高。另外，多个通道需要实时校准，检测每个收发通道之间的幅相差异，反馈给基带系统，通过算法进行补偿，才能确保信道估计和波束赋形的准确性。

（4）有源化：由于 Massive MIMO 引入大规模天线阵列，射频通道数与传统无源天线相比增加一个数量级，如仍采用"天线 + RRU"架构，两者之间有大量跳线连接，复杂度在工程上无法接受。无源天线采用机械移相器，无法实现灵活的波束赋形和调节，需要通过有源化解决。对于 5G 高频段，射频信号传输损耗非常大，且天线和 TR 组件体积微小，通过线缆连接仅适用于研发样机阶段。因此，天线有源化成为必选项。

### 2.2.2 5G 网络对天线的质量要求

质量的内涵在于一组同有特性满足要求的程度。为确保天线的性能满足 5G 系统长期稳定工作的要求，设计和制造环节的持续升级不可或缺。

1. 小型化设计

在满足网络覆盖性能要求的基础上，减小天线体积和重量。Massive MIMO 理论要求天线数量趋于无穷多，但现实中只能是有限的数量。综合平衡性能和工程可行性，取定大规模天线阵列的辐射单元数量是首要问题，目前主流形态是 128 单元。在此基础上，如何将阵列面积做小，对研发和设计能力是个考验。

2. 多辐射单元组阵

单元数量确定之后，单元间距和组阵方式决定天线阵列的大小。间距过小会造成波束展宽，覆盖面积过大，增益低，通道间的隔离度变差；间距过大时，波束宽度过小，会导致覆盖面积过小并出现栅瓣，栅瓣多则导致目标位置模糊，接收机错误跟踪。因此，需要研究多种单元排列方式对合成方向图的影响，优化辐射单元及组阵方式，控制互耦，提高天线辐射效率，提升各个单元方向图的一致性，确保波束赋形准确性。目前通常设计为工作频段中心波长的 0.5 ～0.7 倍。

3. 有源无源一体化设计

有源模块与无源天线进行一体化设计，在很大程度上可视为天线与 RRU

的一体化。在将有源器件并入天线内部时，二者之间是相互影响的。例如，各通道的辐射效率、通道之间的隔离度，以及有源交调方面的问题，均需要进行综合考虑。另外，从天线的布局和小型化考虑，需要对天线和射频进行一体化设计，因而无法清晰地区分天线与射频。特别是频率继续往高发展时，通道损耗变得越来越大，最好的解决方案是将有源模块与天线封装在一起，形成一体的模块。

4. 模块化设计

在5G天线小型化、有源化的要求下，传统方法已不再可行，天线的生产方式有望像集成电路那样实现自动化，但前提条件是模块化的设计。只有设计阶段将整个天线分解为多个高度一致的功能模块，才有可能为后续的自动化生产创造条件，降低批量生产的难度。在天线使用过程中，出现故障时便于定位和维护。

### 2.2.3　5G天线现存的挑战

1. 小型化

天线单元越多，硬件布局越复杂，体积和重量越大，随着对性能要求的逐步提高，未来5G天线系统内置的单元数量更多，如192、256、512等，互耦和隔离度更难控制。与此同时，滤波器、TR组件数量、校准网络规模、整机体积重量将相应增长，小型化的挑战更加严峻。

2. 校准

射频通道中的一些器件，如滤波器，有温度漂移，会改变相位，影响赋形，必须让基带系统获知并补偿，从而保证波束赋形的准确性。另外，各种误差也会影响赋形精度。因此，精准的多通道幅相校准成为5G天线系统性能的关键。在设备出厂校验时，有条件进行场校准，能够校准包括收/发通道及天线阵列在内的所有误差；但上站工作后，只能通过内置的校准网络校准收发通道的误差，无法校准天线阵列的误差。路校准如图2-3所示，场校准如图2-4所示。

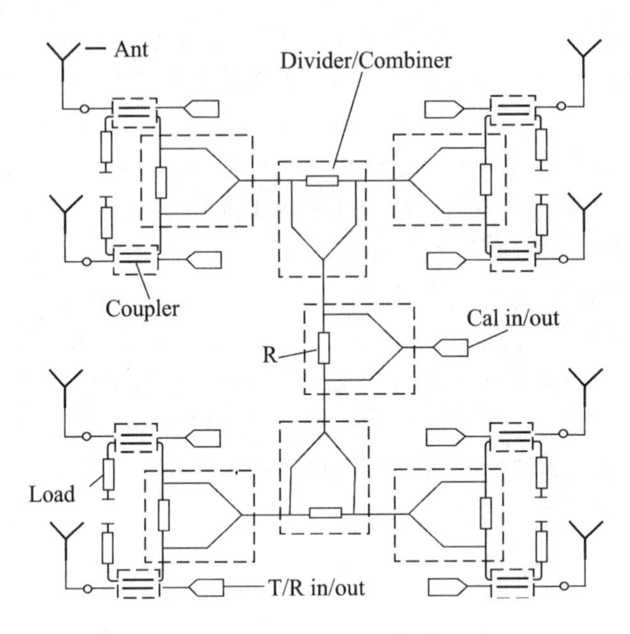


图 2－3　路校准示意图

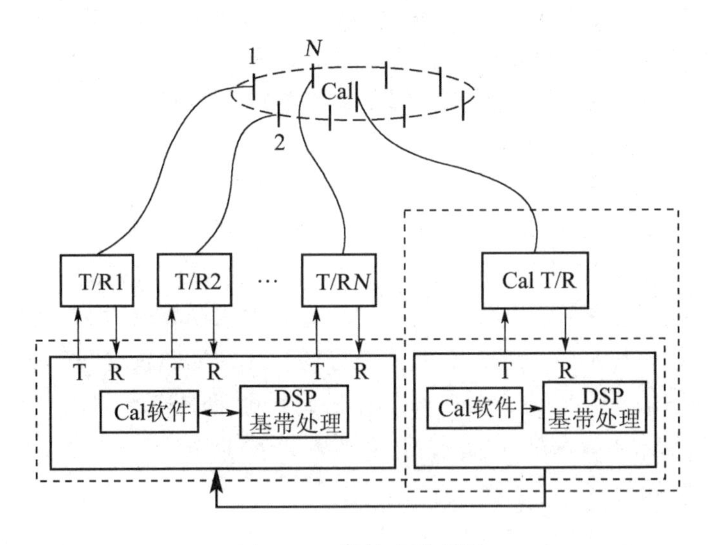


图 2－4　场校准示意图

3. 降耗提效

除了天线与射频组件在结构上紧密结合，实现低损耗、高功率才是全面的有源化。

4. 测试方法

一体化测试存在诸多挑战：①测试场地须满足屏蔽吸波及支持频率范围（9kHz－12.75GHz）要求，资源较少；②OTA 测试的空间损耗较大，共存、共址、杂散指标的测试方法仍需继续探索；③阻塞指标需要考虑干扰和有用信号不在同一个方向的情况，如何选取、实现测试系统仍是难题；④利用点频信号测试 Massive MIMO 方向图的方法已不完全适用，测试场需要改造以支持调制信号。

5. 监控问题

5G 网络对速率、连接、时延更加敏感，端到端全程可监控成必要条件。可监控方面，无源天线是哑终端，不可监控，成为网络盲点，也是运营痛点，而有源天线构造更加复杂，质量寿命如何有待实践检验。

6. 解耦问题

目前的5G 有源天线设备形态，天线与射频紧耦合，一部分基带功能有可能纳入其中，天线、射频、基带全部紧耦合，不利于整个产业发展。

# 第 3 章　5G 时代建筑天线一体化

## 3.1　引言

目前移动通信系统的发展历程包括：第一代（1G）的模拟信号传输的 AMPS、TACS、NMT 等系统；第二代（2G）的数字调制传输的 GSM、窄带 CDMA 系统；第三代（3G）的以码分多址（CDMA）为技术基础的 CD-MA2000、WCDMA、TD-SCDMA 系统；第四代（4G）的 TDD-LTE 和 FDD-LTE 系统。[19]

而为了获得更快的通信速度和更高的通信容量，人们正在积极研究开发第五代移动通信系统（5G）。现如今 5G 通信系统的需求及关键技术指标已基本确定，移动互联网和物联网将是 5G 通信系统主要的两大应用场景。另外，随着未来人工智能的推广应用，许多学者都认为 5G 通信系统还将具有解决众多机器同时实现无线通信需求的能力，这将更好地促进工业互联网等新兴领域的飞速发展。[20-21]

作为移动通信系统不可或缺的一部分，天线主要起到辐射电磁波和接收电磁波的作用。因此，天线指标的好与坏，直接制约着整个通信系统的性能的优劣。设计高性能指标的天线应用到系统中，不但可减缓系统其他指标的设计要求，更有可能对系统的性能起到整体提升的作用。这样就使得在天线的设计中，需要根据各种各样的工作场景和环境来选择适宜的天线形式。[22]

## 3.2　5G 关键技术及应用场景介绍

5G（后 4G）时代，小区越来越密集，对容量、耗能和业务的需求越来越高。提升网络吞吐量的主要手段包括：提升点到点链路的传输速率、扩展频谱资源、高密度部署的异构网络；对于高速发展的数据流量和用户对带宽的需求，现有 4G 蜂窝网络的多天线技术（8 端口 MU-MIMO、COMP）很难满足需求。最近的研究表明，在基站端采用超大规模天线阵列（比如数百个天线或更多）可以带来很多的性能优势。这种基站采用大规模天线阵列的 MU-MIMO，被称为大规模天线阵列系统（Large Scale Antenna System，或称为 Massive MIMO）。

国际电信联盟 ITU 在 2015 年 6 月召开的 ITU-RWP5D 第 22 次会议上明确了 5G 的主要应用场景，ITU 定义了三个主要应用场景：移动宽带、大规模机器通信、低时延高可靠场景通信。这三个场景与我国 IMT-2020（5G）推进组发布的四大场景基本相同，只是我国将移动宽带进一步划分为广域大覆盖和热点高速两个场景。

从另一方面说，低功耗大连接和低时延高可靠场景主要面向物联网业务，是5G新拓展的场景，重点解决传统移动通信无法很好支持地物联网及垂直行业应用；而低功耗大连接场景主要面向智慧城市、环境监测、智能农业、森林防火等以传感和数据采集为目标的应用场景，具有小数据包、低功耗、海量连接等特点，这类终端分布范围广、数量众多，不仅要求网络具备超千亿连接的支持能力，满足100万/$km^2$连接数密度指标要求，而且还要保证终端的超低功耗和超低成本；低时延高可靠场景主要面向车联网、工业控制等垂直行业的特殊应用需求，这类应用对时延和可靠性具有极高的指标要求，需要为用户提供毫秒级的端到端时延和接近100%的业务可靠性保证。

而天线集中配置的Massive MIMO主要应用场景有城区覆盖、无线回传、郊区覆盖、局部热点。其中城区覆盖分为宏覆盖和微覆盖（例如高层写字楼）两种。无线回传主要解决基站之间的数据传输问题，特别是宏站与Small Cell之间的数据传输问题，郊区覆盖主要解决偏远地区的无线传输问题，局部热点主要针对大型赛事、演唱会、商场、露天集会、交通枢纽等用户密度高的区域。

考虑到天线尺寸、安装等实际问题，分布式天线也有用武之地，重点需要考虑天线之间的协作机制及信令传输问题。大规模天线未来主要应用场景可以从室外宏覆盖、高层覆盖、室内覆盖这三种主要场景划分。

## 3.3 5G时代基站天线研究现状介绍

5G通信系统是移动通信技术发展的必然趋势。同时，不可避免地对通信系统中的关键部分——基站天线提出了不同的需求。[23] 首先，传统的宏基站天线由于体积大而带来的安装困难、选址困难和维护不便等诸多问题，一直在基站建设中饱受诟病。而随着移动通信的迅速发展，基站需要覆盖的工作频段越来越多，传统的宏基站天线必然不能满足未来发展的需要，因此，小型化、宽带化、一体化已经成为基站天线的发展趋势。其次，传统的基站天线通常采用一个端口对应一个宽波束来覆盖120°扇区，而对于通信容量飞速提高的5G通信系统，该方案有可能无法满足系统容量和传输速率需要的跳跃式提升的需求。因此，为了进一步提高移动通信系统容量和传输速率，可进一步采用空间分集技术，即利用多个子波束对单个扇区进行联合覆盖，以达到提高分集增益的目的。最后，为了使移动用户的通信速率带来质的飞跃，移动通信系统就需要更宽的载波频段，这就对天线的工作频谱宽带化提出了更加苛刻的需求。对于5G移动通信系统而言，充分利用微波的高频段（10GHz以上）甚至是毫米波频段的频谱资源是显著提高通信速率必不可少的方法。[24]

### 3.3.1 双极化基站天线

双极化基站天线是指具有两个正交的线极化的天线，由于其具有极化多样性的特性，从而具有扩展通信系统容量，缓解多径效应问题等优点被广泛应用于移动通信基站系统中。[25]为了满足移动通信系统对基站天线提出的双极化、宽频带/多频带、低剖面的需求，许多学者研究和设计了各种不同天线类型的双极化天线单元，这其中主要包括带反射板的交叉偶极子天线、宽带微带天线和电磁偶极子天线等。下面将分别对这几种形式的双极化基站天线的研究现状进行概述。

1）带反射板的交叉偶极子天线

传统的宏基站天线主要采用带反射板的交叉偶极子天线形式。近些年来，为了进一步提高基站天线的性能和降低天线的剖面，以带反射板的交叉偶极子形式为基础的双极化天线得到了广泛的研究和应用，如图3－1所示，利用交叉偶极子臂之间的强耦合来展宽天线工作带宽的双极化偶极子天线[26]。通过有效地利用两个交叉放置的偶极子之间的耦合，该天线能够达到57.5%的相对阻抗

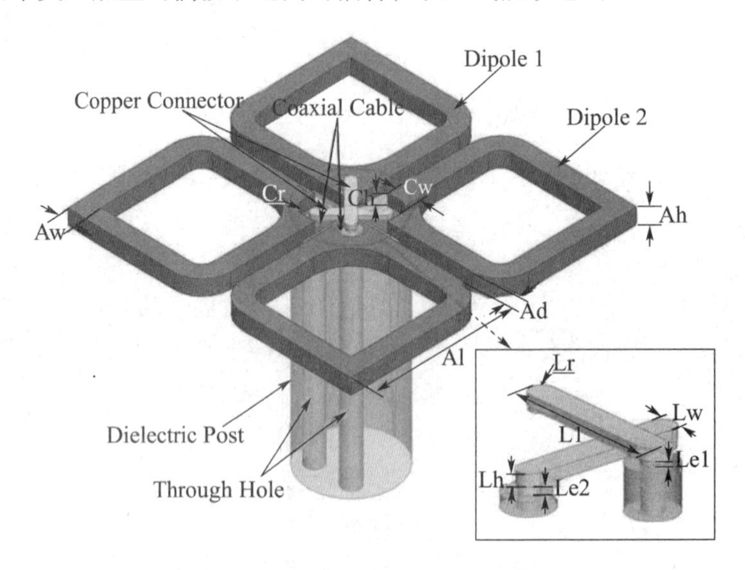


图3－1　文献［26］中的天线示意图

工作带宽（VSWR < 1.5），并且工作带宽内端口隔离度大于 31dB；如图 3 – 2 所示，通过采用一种 Y 型的平衡馈电结构开展宽天线的工作带宽，使得天线工作带宽达到了 45% 的相对带宽（VSWR < 1.5）。[27]

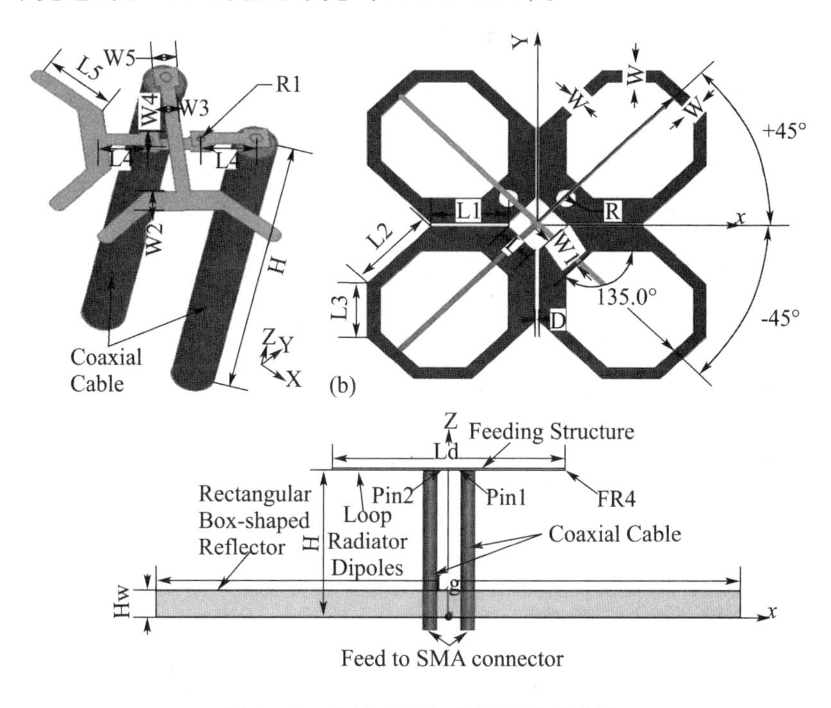


图 3 – 2 文献［27］中的天线示意图

2）微带天线

传统的微带天线往往通过两个探针直接进行馈电来实现双极化工作特性。然而，直接采用探针激励的双极化微带天线的工作带宽通常较窄，难以满足移动通信系统的工程应用。因此，近些年来，越来越多的学者研究了展宽微带天线工作带宽的方法，[28] 其中，采用缝隙耦合馈电是一种较为常用的手段。如图 3 – 3 所示，采用 H 型的耦合槽进行耦合馈电，[29] 展宽天线的工作带宽，使得天线的工作带宽达到了 24.4%（VSWR < 2），并且实现了 30dB 以上的端口隔离度。除了采用缝隙错合外，微带天线还可采用弯折型探针进行馈电，实现双极化天线的宽频带和高隔离度的特性。图 3 – 4 给出了一种 L 型探针进行耦合馈电的双极化微带天线，通过采用 L 型探针的耦合馈电方式，该天线实现了 23.8% 的相对带宽（VSWR < 2）。[30]

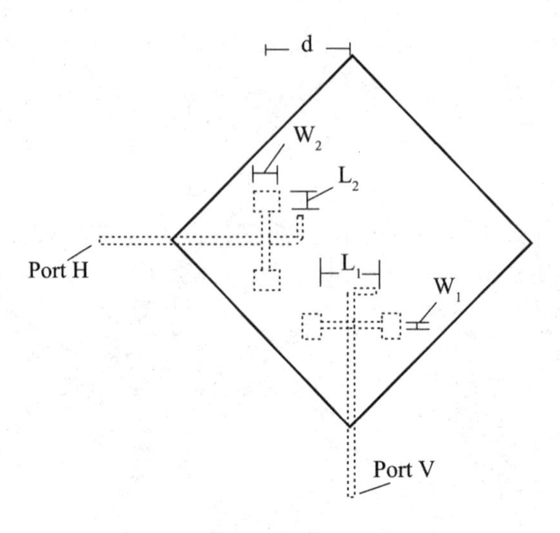


图 3－3　文献［29］中的天线示意图

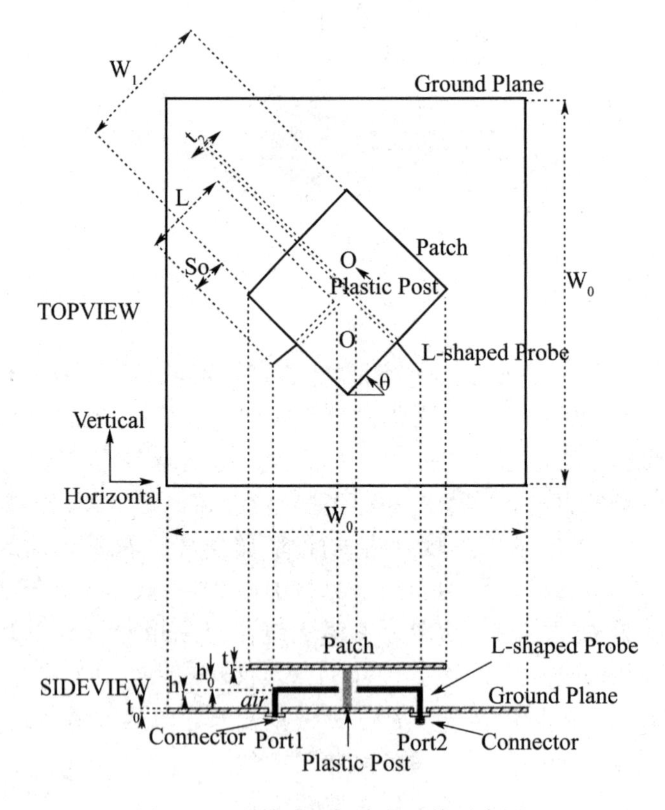


图 3－4　文献［30］中的天线示意图

3）电磁偶极子天线

在巧极化天线单元的设计中，由水平放置的电偶极子和垂直放置的磁偶极子组成的电磁偶极子天线由于具有宽频带、方向图一致性好等优点，成为近些年来研究的热点，如图3－5所示，用一对高度不同的r型馈电结构对垂直磁偶极子和水平电偶极子进行耦合馈电，提出了一种双极化宽频带电磁偶极子天线。[31]该天线实现了相对阻抗带宽为65.9%的工作带宽，并且具有较好的端口隔离度和定向辐射特性。

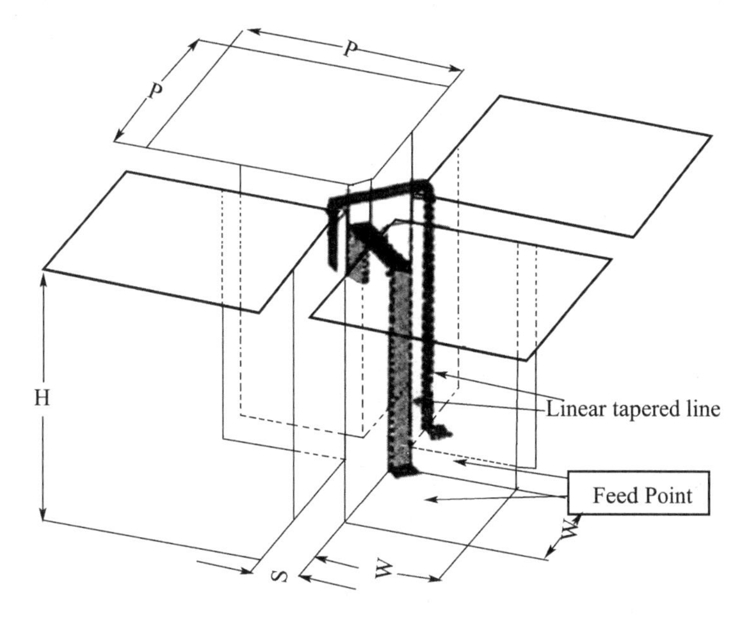


图3－5　文献［31］中的天线示意图

### 3.3.2　毫米波天线的研究现状

随着移动通信系统的迅猛发展，扩展系统容量的手段越来越有限，微波波段的低频段已经达到了趋于饱和的程度。如果希望更进一步地提高移动通信的传输速率，那么有效的途径只能是扩展新一代移动通信系统的载波频段到微波的高频段，甚至是扩展到毫米波频段，如Ku波段、K波段和Ka波段等，从而开发出新的频谱资源并设计工作在这些频段上的移动通信系统。作为移动通信系统中的一个关键部件，微波的高频段天线和毫米波天线是近些年来引人注目的研巧热点。微波的高频段天线和毫米波天线的主要天线形式有波导缝隙天线和波导缝隙馈电的微带贴片天线等。[32]

图3－6所示是典型的金属波导缝隙阵列天线，金属波导上的缝隙为阵列

天线的辐射单元，缝隙之间通过金属波导串联馈电连接成若干列，最后在每一列的末端合并成一个端口。由于是串联馈电，阵列天线的方向图的最大指向会随着频率的变化而变化。为了使阵列天线的方向图最大指向均指向法线方向，有学者提出了一种串并混合馈电的金属波导缝隙阵列，如图 3－7 所示。[33] 该阵列天线在每列天线的中间进行反相馈电，即先将天线分成上下对称的两半，再分别将上下两部分串联在一起，最后在中间位置利用反相功分器将上下两部分连接在一起。这样使得阵列天线的最大辐射方向始终指向法线方向，并且在 26GHz 时天线效率能够达到 46％。

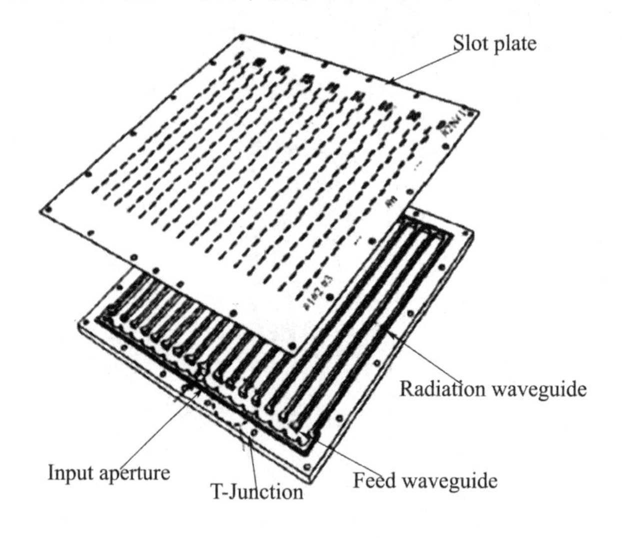


图 3－6　金属波导缝隙串联馈电阵列天线

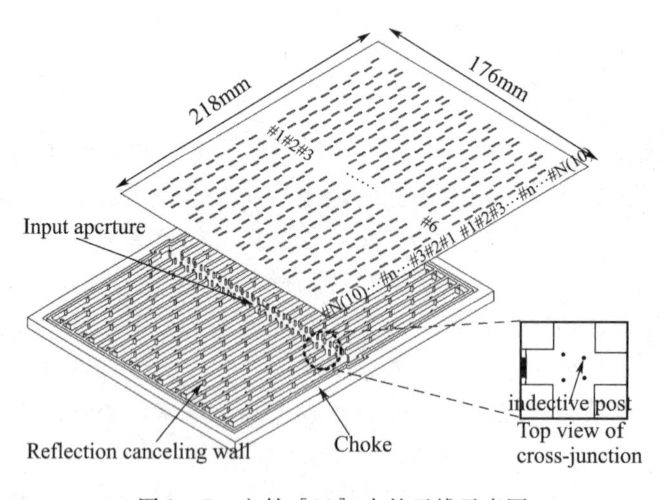


图 3－7　文献［33］中的天线示意图

## 3.4　5G 时代大规模天线系统的发展介绍

随着无线通信技术的发展，无线网络的丰富应用带动了数据业务的迅速增长，据权威机构预测，到 2020 年，数据业务将增长 500 到 1000 倍，[34] 因此未来通信系统设计要能够更加高效地利用带宽资源，大幅提升频谱效率，而大规模天线阵列系统（Massive MIMO）被认为是未来 5G 最具潜力的传输技术。在大规模天线阵列系统中，基站侧配置大规模的天线阵列，利用空分多址（SDMA）技术，可在同一时频资源上服务多个用户，利用大规模天线阵列带来的巨大阵列增益和干扰抑制增益，使得小区总频谱效率和边缘用户的频谱效率得到了大幅提升。[35]

早在 2012 年，瑞典 Linkiping University、瑞典 Lund University 和贝尔实验室合作开发了工作于 2. 6GHz 的 128 天线阵列，包含两种形式：一个圆形阵列和一个线形阵列，如图 3 - 8 所示。圆形阵列由 128 个天线端口组成。天线阵列由 16 个双极化的贴片天线单元组成，放置在圆柱形载体上，4 个这样的阵列层叠组成一个大的圆柱形阵列天线。这个阵列的优点不仅结构简单小巧，还为解决在不同俯仰角的散射问题提供了可能。但由于口径限制，在方位面分辨率不高。线性阵列由一个相同的单元位移 128 个位置组成一个纯线形阵列。信道的实测结果表明，当总天线数超过用户数的 10 倍后，即使采用 ZF 或 MMSE 线性预编码，也可达到最优 DPC 容量的 98% 。[36]

图 3 - 8　瑞典和贝尔实验室合作开发的 128 天线阵列示意图

2013 年，丹麦 Aalborg University 和贝尔实验室开发了工作于 2. 45GHz 的 96 天线单元的圆柱形阵列和工作于 5 ～ 6GHz 的由 64 根单极子天线组成的矩形阵列，圆柱半径 r = 2. 17，阵列由 24 列单元组成，每列间隔 0. 55，每列由 4 个贴片天线组成，如图 3 - 9 所示。[37]

图3-9 丹麦 Aalborg University 和贝尔实验室开发的64单元有源天线系统

在国内，大唐电信也开展了3D-MIMO技术研究与验证，预计采用64通道的二维平面天线阵；中兴同样进行了256天线 Massive MIMO原型机的开发验证，采用基带数字波束成形和射频波束成形两种波束赋形技术；中国移动对 Massive MIMO的关键技术展开了研究，包括多场景中的新型信道建模研究、支持大规模天线的创新传输方案研究、高效能、低成本、实用化、可扩展的灵活部署方案和系统性能仿真评估，并与部分设备、天线厂商合作开展3D-MIMO的样机研制和大规模天线演示验证系统。[35]

设备小型化、集成化、灵活性是系统发展的永恒主题，随着天线数目的增多，有源集成化天线将是5G大规模天线系统的必然选择。大规模有源天线系统在增加系统容量、提高通信质量和针对复杂环境下设备的通用性方面都有很好的作用。其顺应了当前射频部件更贴近天线的发展趋势，降低维护成本和能源成本，同时可进一步提高网络性能和部署灵活性。[38]

## 3.5 大规模MIMO天线架构分析[39]

MIMO天线技术大致可分为两类：空间分集和空间复用。空间分集是指多根发射天线或多根接收天线可以同时处理同一信号，这种应用模式虽然对空间传输容量和频谱利用率没什么贡献，但却可以极大地提高无线传输的可靠性。空间复用是指发射天线是多根，接收天线是多根（也可能是单根），可组合成多路独立空间子信道用来传输多路不同用户信号，虽然可以较大程度地提高无线传输容量或频谱利用率，但很难改善无线信道的传输质量；波束赋形是指多根天线在相关技术作用下，可以使多天线发射的电磁波在指定方向相长相消，形成较窄的定向波束覆盖目标用户，虽然可以获得较高的传输可靠性，克服邻区干扰，降低设备发射功率，提高通信质量，但却不能提高传输容量和频谱利用率。

MIMO 天线系统的传输原理如图 3－10 所示。在无线链路两侧的基站和终端的发射与接收设备上均有多个天线，发送端将信源比特流通过数字调制成串行码流，再经串并变换成为与 MIMO 多天线对应的并行码流，经过空时编码使之成为适应空间分集和时间分集的空时码流，最后送到 MIMO 天线使其在空域子信道上同频同时传输；接收端 MIMO 天线在收到经过无线信道传输的多径信号后，通过空时解码使其从混合接收信号中分离估计出与多天线对应的并行码流，再经并串转换形成传输码流，最后通过数字解调恢复信号。在 MIMO 天线的工作过程中，系统可根据各子天线的间距及相关处理技术，分别实现空间分集、空间复用和波束赋形等应用功能。

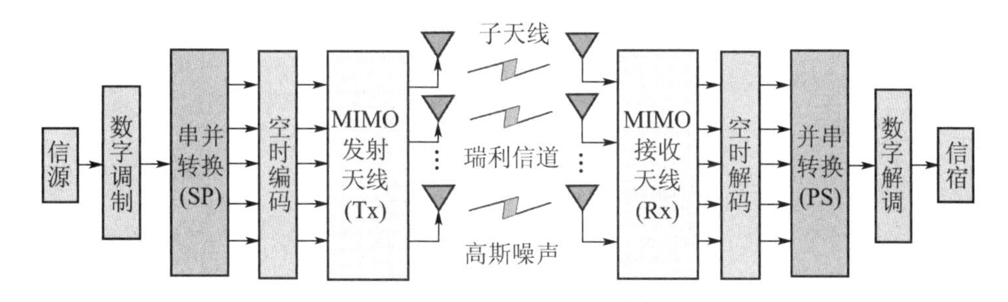


图 3－10　MIMO 天线系统的传输原理

传统 MIMO 天线系统主要是为了获取复用增益和分集增益，要获取更高的增益必须采用空时编码，因为空时编码后的传输信号，不仅可以人为地控制发射信号承载的发射天线和时隙，还可以方便接收天线正确估计和分离这些不同天线和时隙的信号，能正确和高效地重组与恢复信号，且不管这些信号是同一信源还是不同信源，也不管应用目的是空间复用还是空间分集。空间复用要求各子天线发射不同用户信号，达到提高空间传输信道容量的目的。空间分集要求各子天线发射同一用户信号，达到提高空间传输可靠性的目的。但两者要求各子天线间距越大越好，至少在一个波长以上，尽可能保证空间复用或空间分集中各子天线的独立性和无关性。

利用传统 MIMO 天线系统实现波束赋形，理论上是无法兼顾系统同时实现空间复用或空间分集的。因为技术上存在完全相悖的基本要求，波束赋形要求 MIMO 天线系统中各子天线间距只能是半波长或半波长整数倍，以保证各子天线上信号具有相长相消的相干性。由于波束赋形的作用主要是将各子天线上相同信号通过相干性使其辐射波形变得更窄，具有更强的方向性和目标性，从而可以提高无线传输的可靠性，这与空间分集产生的效果相似，也就是说，波束赋形与空间分集的主要作用具有异曲同工之妙。但波束赋形还可以提高发射电磁波的功率密度，可以有效地降低每个阵元上发射信号的强度，可大大地节省天线的发射能量，具有环保优势。

移动通信的基站和终端因架设和架构的现实要求，MIMO 天线系统的体积、重量和功耗受到较大限制，而 MIMO 天线振子结构的几何大小与波长同数量级。4G 网络的主频率小于 3 GHz，波长大于 10 cm，属于分米波范围，目前应用于4G 基站和终端中的 MIMO 天线一般为基站有 8 根天线和终端有 2 根天线的 8 ×2 模式，如此少量的子天线数，产生的空间复用、空间分集和波束赋形的效果非常有限。面向 5G 的频谱选择很有可能采用毫米波技术，从而使子天线尺寸局限在毫米范围，从几何尺寸和发射功率等方面都已为5G 系统提供了技术支撑基础，使之完全可以在基站和终端上建立少则几十根、多则上千根子天线的大规模 MIMO 天线系统。

应用于4G 的 MIMO 天线系统因天线数量和几何尺寸的限制，不仅无法同时满足空间复用、空间分集和波束赋形的应用模式，产生的效果也十分有限。应用于5G 的大规模 MIMO 天线因天线数量和几何尺寸的富余度，完全可以设计出可同时进行空间复用、空间分集和波束赋形应用的 MIMO 天线系统。图 3 –11 所示为大规模 MIMO 天线阵面的一款设计模型，由 N × M 个子天线块组成，各子天线块间距分别为 $A$、$B$，一般取 10 个波长。每个子天线块由 $n \times m \times q$ 三维阵元组成，各阵元间距分别为 $a$、$b$、$c$，一般取半个波长。由于每个阵块既是一个波束赋形阵列，又是一个独立子天线块，所以这种大规模 MIMO 天线可以同时支持空间复用、空间分集和波束赋形应用。

在图 3 –11 显示的大规模 MIMO 天线中，实现空间分集和空间复用功能是以子天线块为单位，每个子天线块相当于多天线中的每个子天线。图 3 –11 所示的每个终端，至少接收 2 个子天线块发送的信号以实现空间分集。10 个子天线块共支持 4 个 UE，使大规模 MIMO 天线可实现空间复用。而实现波束赋形功能同样是以子天线块为单位，因为每个子天线块实际上是一个阵元数为 $n \times m \times q$ 的阵列模块，所以图 3 –11 中的每个子天线块发送的信号都是赋形波束。显然，由 $N \times M$ 个子天线块组成的多天线是一个二维系统，由 $n \times m \times q$ 个阵元组成的阵列是一个三维系统，所以，大规模 MIMO 天线中的总阵元数为 $N \times M \times n \times m \times q$，是一个真正的大规模 MIMO 天线系统。

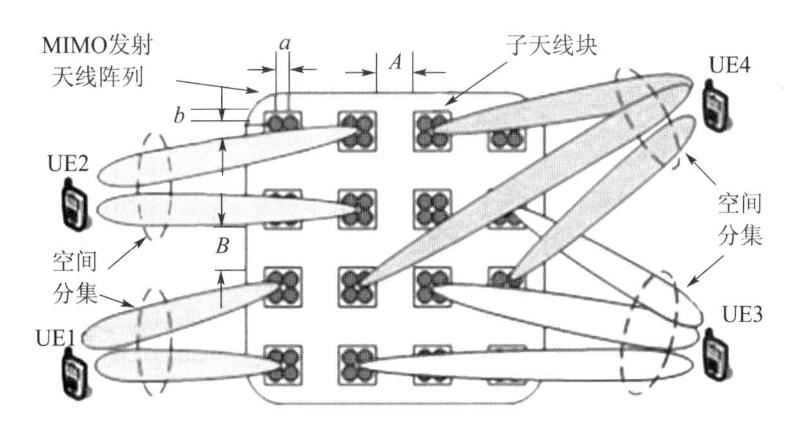


图3－11　MIMO天线系统的基本传输过程

## 3.6　室内外一体化覆盖场景介绍

仅靠单一的传统的覆盖方式已不能满足当前的无线覆盖要求，综合考虑网络的覆盖、容量、干扰和切换等因素，室内外一体化规划、建设是网络建设的必由之路。其技术手段主要有以下4种：

（1）室外宏基站：主要用于无线信号比较弱建筑物的室内覆盖；建设成本低，但对大型楼宇覆盖效果差。常用的技术手段包括设置宏基站、RRU拉远、直放站等，具体案例有抱杆、楼顶塔、美化塔、空调型等。

（2）室内分布系统：主要用于无线信号比较强建筑物的室内覆盖单体建筑；室内信号均匀分布、效果好，但成本高。常用的技术手段包括有源分布系统、无源分布系统、光纤分布系统，在室内不同的区域，可采用常规方式布放射频电缆、泄漏电缆、赋形天线等进行覆盖。

（3）微站：微站是从室外基站发展出来的一种新型信源技术，目前还没有统一的标准，相关技术标准和产品尚在发展和完善过程中。一般来说Small Cell的发射功率小于SW，可以覆盖10～200米的范围，可在沿街商铺、独立休闲场所、学校、单点的高档住宅等场景使用。

（4）室内外综合覆盖：是将室内和室外覆盖综合统筹考虑的一种手段，主要用于室内、室外覆盖需要互补的密集群体建筑，可满足室内大部分区域的覆盖，成本较低、效果好，但规划复杂，对泄漏控制的要求高，需在特定场景下使用。例如，对于住宅小区，电梯、走廊等楼宇内公共区域的覆盖可采用室内分布系统，居民房间内和小区内部需要天线进行室内外综合覆盖。

具体场景分类有以下几个原则：

（1）按照建筑物的结构进行场景分类：可分为通用性建筑、开放性建筑、居民小区型、特殊场景等四大类。主要用于指导室内分布系统天线的规范性布置。

（2）按照用户业务量进行场景分类：长期处于人员流量大或固定时间段人员流量大、用户密度或突发数据流量较简的场景；中等用户密度，语音业务和数据业务均相对较简单的场景；用户密度较低，且主要以语音为主要业务的场景；主要以覆盖为主，且较为封闭，语音和数据业务均要求不高的场景。主要为室内分布系统的信号源选取提供依据。

（3）按照建筑物面积进行场景分类：可以对室内分布系统的单位造价做出合理分析。

（4）按照建筑物应用类型进行场景分类：一般分为交通枢纽、公共场所、写字楼、住宅小区、学校、大型购物中心及聚类市场、政府机关、医院、宾馆酒店、独立休闲场所、其他等。便于在建筑工程中进行一对一比照设计。

## 3.7 天线一体化设备应用场景分析

国内支持 TD－LTE 网络的 RRU 与天线一体化设备主要工作在 D 频段（2575—2635MHz），其主要构成为：有源射频单元、移相器及远程电调单元、多频段合路单元、功分网络、宽频天线，[41]组件示意图如图 3－12 所示。

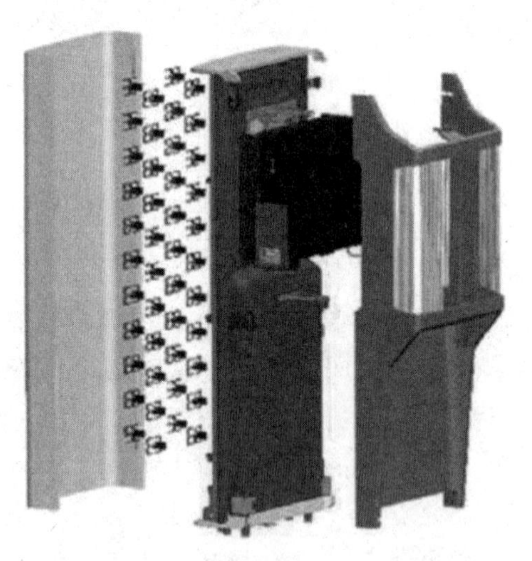

图 3－12 RRU 与天线一体化设备组件图

针对 TD-LTE 网络建设，不同的场景适用不同的建设方案。RRU 与天线一体化设备主要应用于天面资源紧张场景的 TD-LTE 建设，具体应用场景如下：

（1）楼顶抱杆场景：一般情况下很多楼顶可能是多运营商共用，空间紧张。大部分高度3m左右的抱杆只适合单天线应用，如果要增加TD-LTE网络覆盖就需要在楼顶增加抱杆天线，此外重新寻找新的天线位置往往难以满足隔离度的要求或者覆盖效果不够理想。因此可以通过一体化设备替换并利用原3G网络的天面空间，完成3G\4G网络的建设需求。

（2）楼顶增高塔场景：现在大量存在楼顶增高塔（架）场景，该类型场景由于本身设计的承重、空间问题，一般情况下，天面垂直布置1面天线（最多2面），无法再增加TD-LTE天线。因此可以通过一体化设备替换并利用原3G网络的天面空间，满足3G\4G网络的建设需求。

（3）拉线塔场景：拉线塔塔基占地面积一般为$2m^2$，高度一般为5～10m，承重有一定局限。一般情况下，天面垂直可以布置一两副天线，在3G建设后如果再增加TD-LTE存在较大困难。因此可以通过一体化设备替换并利用原3G网络的天面抱杆，达到3G\4G网络的建设需求。

# 第4章　5G时代建筑天线一体化产品

## 4.1　原有一体化天线产品介绍

1）普通基站类

（1）避雷杆形：如图4－1所示，只有单层天线外罩，每个扇区不独立封装，三个扇区共用一个天线罩封装，一体化集约设计，体积较小，重量轻，结构强度高，外形简洁修长，具有较强的隐蔽性。楼面安装，高度2～12m可选用，可调节天线下倾角和方位角，适用于新建站点。与之类似的还有排气管形。

图4－1　避雷杆形一体化隐蔽天线

（2）集束隐蔽外罩：如图4－2所示，无须集成天线，外罩的生产较为简单，供货较快，采用楼面安装，高度2～12m可选用，可同时安装1～3副天线，可同时适用于公共场所和居民住宅小区等场景的新建站点和旧站改造。与之类似的还有半自动组合型。

图4－2　集束隐蔽外罩

（3）排风管形及烟囱形：如图4－3所示，属于一体化单扇区隐蔽天线产品，一般用于商务区或住宅区楼顶，可以直接安装在楼顶。可根据需要挂在建筑物墙面的不同位置，外罩底部设有维护门，可直接调节装置调节天线的方位角和机械下倾角度，安装和后期维护都很方便。

图4－3　排风管形一体化天线

（4）变色龙形：如图4－4所示，变色龙形隐蔽天线（外罩）采用壁挂式安装，可根据需要挂在建筑物墙面的不同位置，外罩采用特有的挂钩装置悬挂，安装和后期维护都很方便。外罩表面可处理成与所安装的不同墙面装饰一致，具有较强的隐蔽性。

图4－4　变色龙形一体化隐蔽天线

（5）围栏形：如图4－5所示，楼顶落地安装，可安装多副天线，可根据需要安装在建筑物的不同位置，天线隐藏在隐蔽外罩内，可实现隐蔽通信，在楼面的安装高度不宜超过4000mm。外罩表面肌理处理成与建筑的风格一致，具有较强的隐蔽性。与之类似的还有围墙形。

图4－5　围栏形天线

（6）栅栏形：如图4-6所示，采用间隔一定距离的条格均匀排布，产品的通透特性减小了风阻，抗风能力得到提升。楼顶落地安装，可根据需要安装在建筑物的不同位置，通过侧面的维护门进入产品内进行天线维护，在楼面的安装高度不宜超过6000mm。

图4-6　栅栏形天线

（7）水塔形：如图4-7所示，采用楼顶落地安装，可根据需要安装在建筑物的不同位置，外罩分瓣，可撑开进行天线维护，天线隐藏在隐蔽外罩内，可实现隐蔽通信，在楼面的安装高度不宜超过6000mm。外罩表面肌理处理成与真实的水塔一致，造型逼真，具有较强的隐蔽性。与之类似的还有水箱形和冷却塔形。

图4-7　水塔形一体化天线

2）高空类

（1）高杆灯形：如图4－8所示，地面安装，高度10～45m可选，可同时安装1～3副4G和3G天线，设有爬梯、维护平台和维护门，可通过维护门对罩子内部的天线进行维护。具有信号覆盖和照明双重功能，具有较强的隐蔽性。

图4－8　高杆灯形天线

（2）仿生树形：如图4－9所示，与高杆灯形类似，但具有更高的观赏性。

图4－9　仿生树形天线

3）居民小区类

（1）草坪灯形：如图4－10所示，这是一款一体化隐蔽天线产品，外形美观，与环境协调，并可同时实现隐蔽通信与装饰照明多项功能，此天线频段较宽，可以在小区两栋楼宇之间安装，覆盖两侧楼宇的低层（一般为1～3层）。

图4－10　草坪灯形天线

（2）广告牌形：如图4－11所示，分为一体化隐蔽天线和隐蔽外罩两种，外形美观，可印制各种广告标语和图案，与环境协调，并可同时实现隐蔽通信与宣传多项功能，此天线频段较宽，可以在小区两栋楼宇之间安装，楼宇间距离不宜超过30m，覆盖两侧楼宇的低层（一般为1～3层）。与之类似的还有草坪牌形、指示牌形、蘑菇形、石头形等。

图4－11　广告牌形天线及蘑菇形天线

（3）空调形：如图4－12所示，分为一体化隐蔽天线和隐蔽外罩两种，采用楼顶落地安装或挂墙安装，可根据需要安装在建筑物的不同位置，为保证外罩的整体强度，开启外罩进行维护，安装和后期维护都很方便，天线隐藏在隐蔽外罩内，可实现隐蔽通信。外罩仿真实空调室外机设计，造型逼真，具有较强的隐蔽性。

图4－12　空调形天线

## 4.2　惠州广告牌一体化隐蔽天线产品介绍

在惠州“一江两岸”地区一直存在覆盖信号不稳定、切换杂乱和通话伴随强制差等现象，而且该地区位于惠州繁华的中心城区，选址建站相当困难，所以移动公司在拟对此地区重新进行网络覆盖时，需要制定系列方案解决这里选址难、环境要求高、网络信号差等问题。[40]

为了解决上述问题，更好地保障东江两岸的通信网络质量和日后的网络稳定，以提高高端客户的感知度，移动公司选取了充分利用覆盖东江两岸位置相当优越的广告牌作为放置覆盖天线位置的方案。该方案采用一体化天线隐蔽加GRRU拉远系统进行高空建站的模式，通过在大型广告牌上放置一体化隐蔽天线的方式，优化了网络的同时又美化了环境，对其他城市的繁华市区建站选址和设计有一定指导意义，具体如图4－13所示。

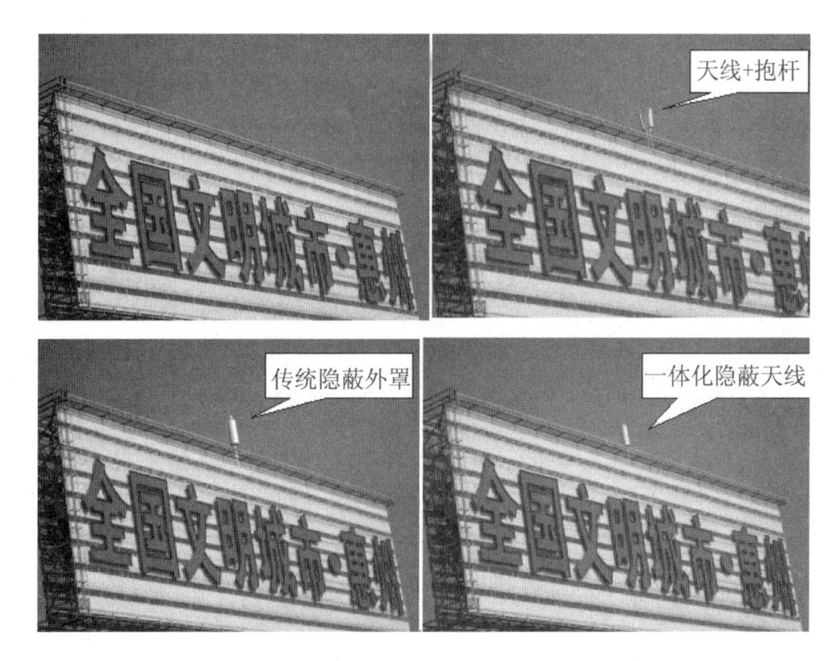


图 4-13 基站天线、传统的天线 + 外罩、一体化隐蔽天线外观效果图

在该方案中，沿江两岸先后采用 GRRU 拉远系统和增益较大的一体化隐蔽天线对大桥及周边沿江路进行加强覆盖，开通了中国移动、三星、全国文明城市、帝景湾、华贸中心和科学发展共 6 个广告牌基站。广告牌小区基站的开通改善了由于主覆盖小区不稳定、信号偏弱、切换杂乱和通话伴随强制差的问题路段，共解决沿江两岸 9 个问题点，扭转了以对江信号为主覆盖且受江面的空旷和水面反射造成的不稳定因素影响的局面，满足了通话需求，提高了客户感知度。安装前后效果对比图如图 4-14 和图 4-15 所示。

从图中可以看到，经过对广告牌的充分利用后，6 个广告牌通过一体化隐蔽天线和 GRRU 拉远的开通提高了一江两岸无主覆盖小区的信号强度，改善了通话质量，对周边日益发展的高档住宅楼和公园增强了信号覆盖。

该方案的主要创新点有以下几点：①该点建站位置选址在一江两岸的大型广告牌上面，这些大型广告牌的地理位置比较优越且拥有一定的高度，适合安装天线对沿江两岸进行覆盖；②该点位于繁华的市中心一江两岸地区，为了配合站点周围环境，采用一体化集束特型天线进行网络覆盖，该天线为多频共用天线，频段范围为 820 - 960 MHz & 1701 - 2170 MHz，解决了 3 网频段的需要，同时该线为圆筒形状，美化了环境，又缓解了一些人对电磁辐射的恐惧，在提高通信服务质量的同时实现良好的社会效益和环境效益；③

"一体化隐蔽天线"产品出厂时已将各模块密封组装，高空作业安装天线时只需直接固定天线体，连接馈线即可，一步到位，安装简单，大大提高了高空建站的效率。另外，这些天线基本不会引起业主的注意，在一定程度上提高了建站的成功率；④采用直放站方式的信号覆盖，投资少、见效快。

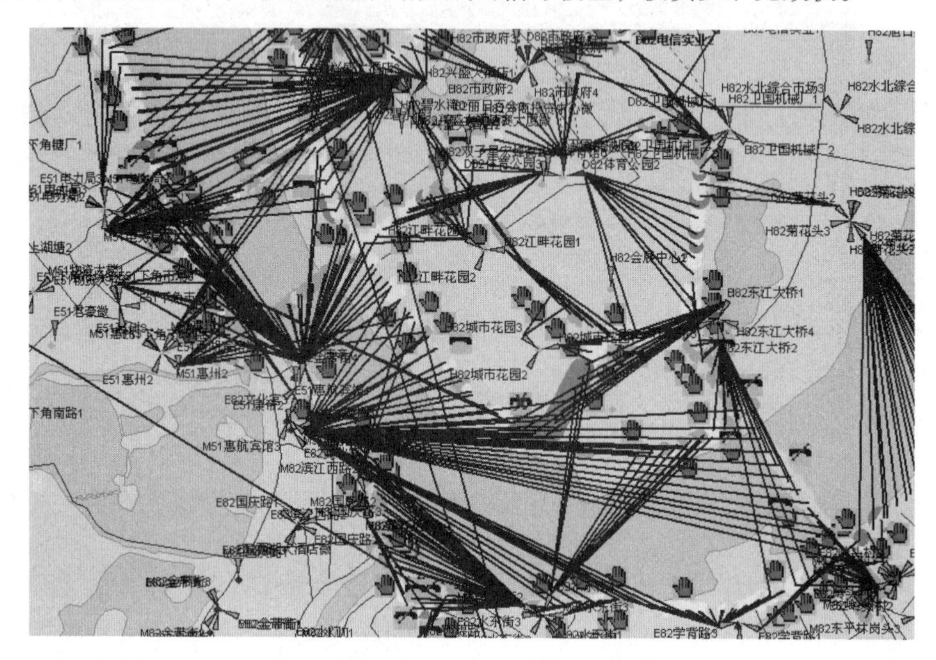


图 4－14　一体化隐蔽天线开通前信号效果图

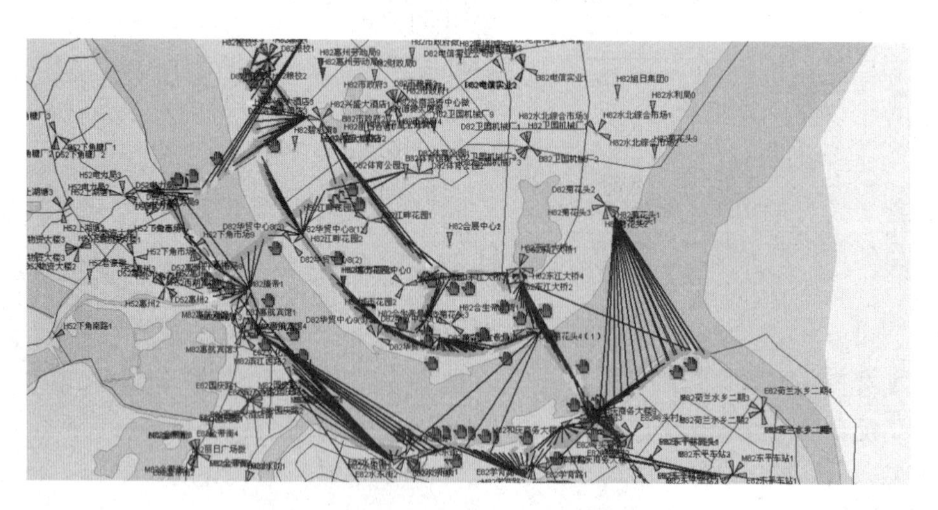

图 4－15　一体化隐蔽天线开通后信号效果图

## 4.3　一体化增强型美化天线产品应用介绍[42]

一体化增强性美化天线系统主要包括主机单元处理部分和美化天线部分，其中主机单元处理主要包括上行通道处理与下行通道处理。

（1）上行通道处理：来自移动台的无线信号被天线接收后，经过一体化增强型美化天线系统 ANT 端口、双工器、微波开关送到低噪放大器进行放大，然后经过数控衰减器、微波开关、双工器、一体化增强型天线系统的 BTS 端口将信号送到基站，提高基站的接收灵敏度，增加基站的上行覆盖范围。

（2）下行通道处理：基站发射的信号通过一体化增强型美化天线系统的 BTS 端口、双工器、微波开关、数控衰减器送到功率放大器进行放大，然后经微波开关、双工器，将信号送至发射天线并发射至所需的电波覆盖区域供移动台接收，进行下行信号覆盖。

（3）美化天线部分：高度集成的多端口美化天线。外观根据不同的应用环境可以有不同的形状，如圆柱形、烟囱形、空调形、水塔形等。

整个系统采用模块化设计，便于维护和安装调试。主放大单元和美化天线采用特殊的集成方式，无须使用额外的防水装置，提高了可靠性。产品由高等级铝合金材料制造而成，具有外形美观、结构紧凑、强度高、电磁屏蔽特性显著等特点，简化楼顶占用分布，减少模块数量，容易融入城市美化环境范围，降低了站点选址的要求。

以某城中村的网络覆盖为例，该城中村建筑较密集，大都是 3 层、4 层的自建房屋，对信号阻挡较大，现使用的是某 2308 微蜂窝和室外天线对此城中村进行覆盖。该站点位于 3 层楼高天面，天线总高度 12m；原设备类型为 RBS2308 小区，单极化小区，天线增益为 15.5dBi；室外天线方向角为 80°，下倾角为 6°；本场景试点采用的一体化增强型美化天线系统，射频元的最大输出为 49dBm，美化天线增益为 15.5dBi。

后台统计数据分析主要是收集试点方案实施前后的业务统计数据以及 MRR 数据，以综合分析出方案实施前后的效果。以 MRR 上下行通好率为例，实施前后对比效果如图 4－16 所示。由此可以看出方案实施后小区的上行通好率及下行通好率比更换前均有所提升。

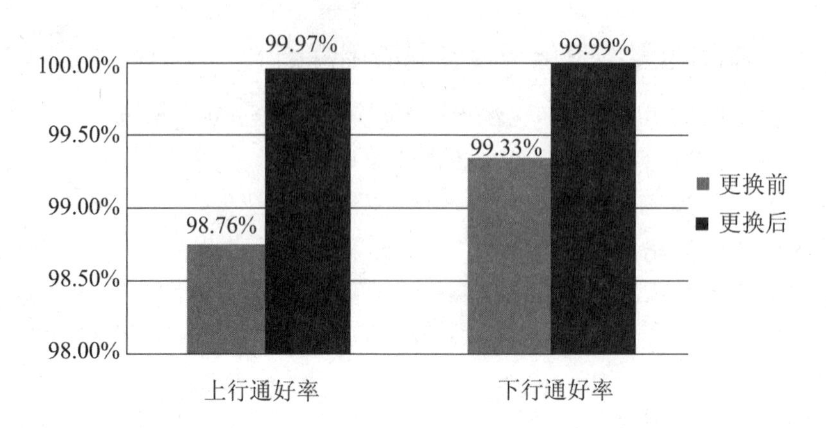


图 4－16　方案实施前后上下行通好率效果对比图

取试点小区实施前后 24h 话务量及流量变化数据，方案实施后，小区日均话务量较实施前增长 34.04%，日均数据业务流量较实施前增长 34.17%，每线最高话务量由 0.41Erl 上升至 0.93Erl，资源利用率得以提升。实施前后对比如图 4－17 所示。

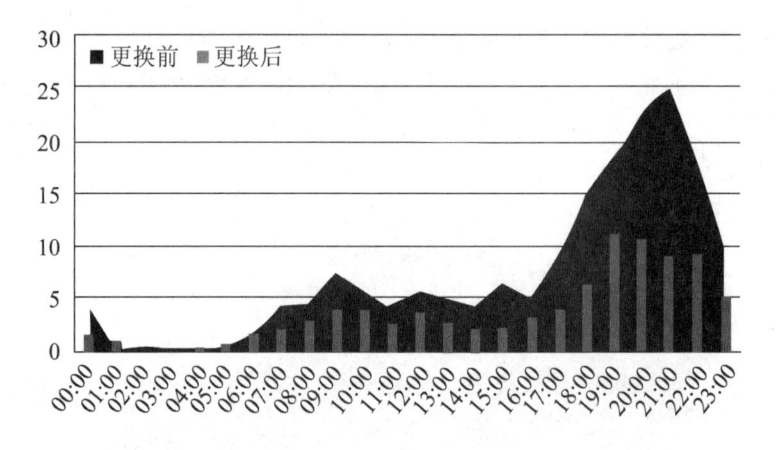


图 4－17　方案实施前后话务量及流量变化数据对比图

从实际安装测试数据来看，一体化增强型美化天线系统实施后，小区话务量和数据业务流量均有较大幅度的提升，网络业务能力得到了深度挖掘，区域信号的覆盖率提升，信号强度得到了一定程度的加强，且未对网络指标造成不良影响，实现了增益提升，同时也解决了自身美观性，达到了产品设计的预期效果，适合于城中村、居民小区、商业密集区域等用户集中选址难，以及物业协调难及施工困难等各种不同的网络场景。

## 4.4　一款高层建筑覆盖新型天线产品的应用及分析[43]

随着 TD-LTE 建设的深入开展及城市化进程的加快，原有方式解决高层楼宇覆盖问题效果欠佳，楼宇内客厅卧室等部分区域时常出现用户体验较差的情况。中国移动设计院研制出一款水平覆盖较宽、垂直覆盖可调节的新型天线，既可达到室分天线覆盖效果，又可弥补现有射灯天线易产生外泄的不足。该新型智能天线，也称为层层通天线或晓明天线，是一种新型八通道智能天线，具有垂直方向赋形能力。可以根据不同覆盖需求（各种高层楼宇和重点用户），配置合理的天线参数，半功率 30°～90°可调节。

根据应用场景特点，该新型智能天线已有多款，以满足各种应用场景需要。第一种为单 4G 型号，通过压缩阵元尺寸，使天线的整体尺寸大大减小，仅是一般天线的 1/3 大小尺寸，适宜选站，降低安装难度，提高功效，提高周围物业认可度。第二种为太阳能板美化型，为采用利用太阳能板外形的美化天线思路。第三种为射灯外罩美化天线，为采用利用射灯外形的美化天线思路。第四种为支持多系统型，该天线集成了 2G/3G/4G 振子，采用集束电缆，实现了一个天面实现 2G/3G/4G 多系统的覆盖，可节约天面资源，满足部分 LTE 弱覆盖的区域对 2G/3G/4G 信号覆盖的需求，而单 LTE 系统无法一次性解决的问题。第五种为全向灯杆型，适用于小区内部。依托上述的新型天线，形成了一种室外覆盖室内的低成本、低工程量、易协调的覆盖方法，提供一种网优服务产品，其技术方案示意图如图 4－18 所示。

图 4－18　技术方案示意图

典型场景1：32层楼宇，在附近底部安装单4G型层层通天线以实现“低打高”的覆盖形式。

典型场景2：32层楼宇，在楼顶安装射灯型层层通天线以实现“高打低”的覆盖形式。

典型场景3：高山景区或滑雪场等有需求场景，可安装层层通天线以实现“低打高”的覆盖形式。

## 4.5 华为为5G做准备发布的两款全新平台天线[44]

在德国慕尼黑举办的2017全球天线技术暨产业论坛上，华为发布了全新的FDD天线平台和全新的FDD/TDD融合天线平台，聚焦全频段4T4R和FDD/TDD融合组网，支持面向5G的天面平滑演进。

此次发布的支持双低频和四高频的新平台，是业界首个支持全频段4T4R的天线平台。此产品运用创新的“去耦”（振子间耦合使天线性能下降）技术和“振子复用”（运用振子级合路器，将宽频阵子复用以达到多个窄频振子的效果）技术，能够支持700MHz、800MHz、900MHz共天线部署和包括L频段在内的全频段4T4R，同时宽度不超过469mm。另外，该产品可单天面收编2.6GHz以下所有频段，为运营商Massive MIMO和5G新频部署预留天面空间。新天线于2018年下半年上市。

另外一款FDD/TDD融合天线新平台，支持FDD与TDD8T8R多频网络共天线部署。该天线低频阵列运用创新的“振子插花”技术，有效地控制天线尺寸，能够支持700MHz、800MHz、900MHz共天线4T4R部署；高频阵列支持从1400MHz到2600MHz的全高频4T4R；TDD频段支持2.3/2.6GHz + 3.5GHz双8T8R部署，通过波束赋形有效提升TDD网络容量和用户体验。

# 第 5 章　5G 超宽带美化天线设计

## 5.1　天线设计指标

| | 天线参数 | 规格 |
|---|---|---|
| 1. | 方向性 | 定向天线 |
| 2. | 频率范围（MHz） | 698 – 960/1710 – 2700/3300 – 3800MHz |
| 3. | 极化方式 | 线极化 |
| 4. | 驻波 | ≤2 |
| 5. | 端口阻抗（Ω） | 50 |
| 6. | 最大输入功率（dBm） | 30 |
| 7. | 垂直面波束宽度（°） | 55 – 75 |
| 8. | 增益（dBi） | 698 – 960MHz：3.5<br>1710 – 2100MHz：4<br>2300 – 2700MHz：7<br>3300 – 3800MHz：8 |

## 5.2　天线设计图纸

天线整体装配图如图 5 – 1 ～ 图 5 – 5 所示。

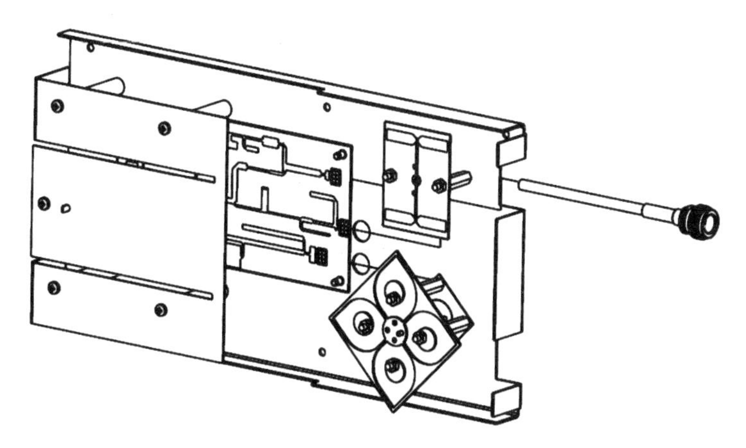

图 5 – 1　天线整体装配图

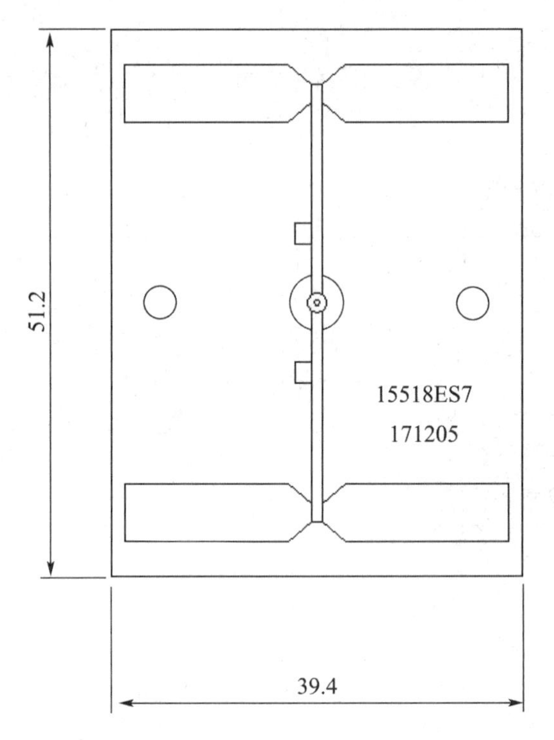


图 5－2　高频振子示意图

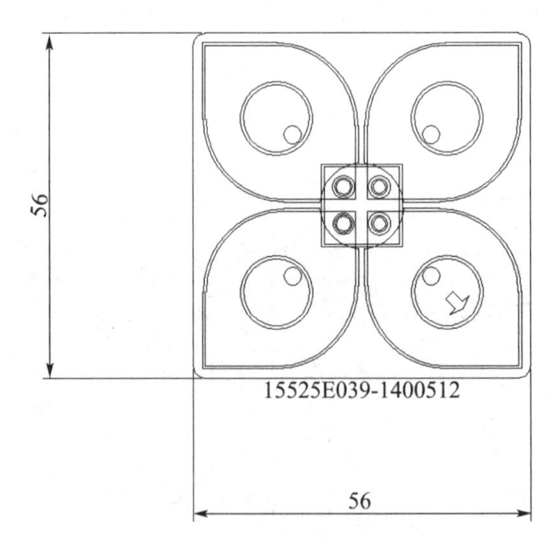


图 5－3　中频辐射振子

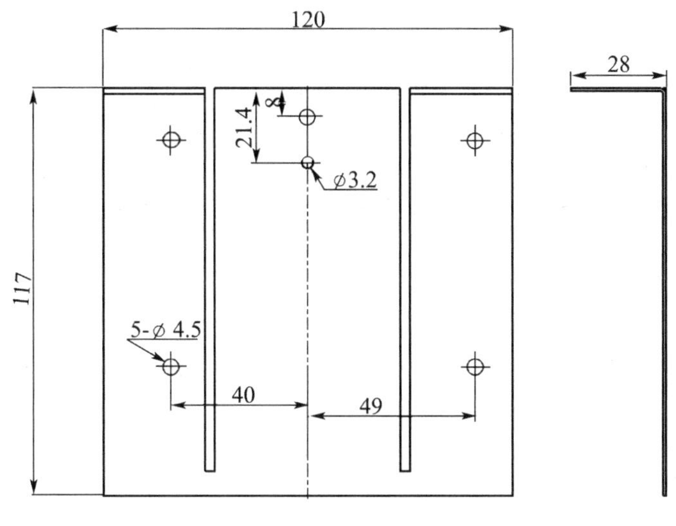


图 5－4　低频辐射振子

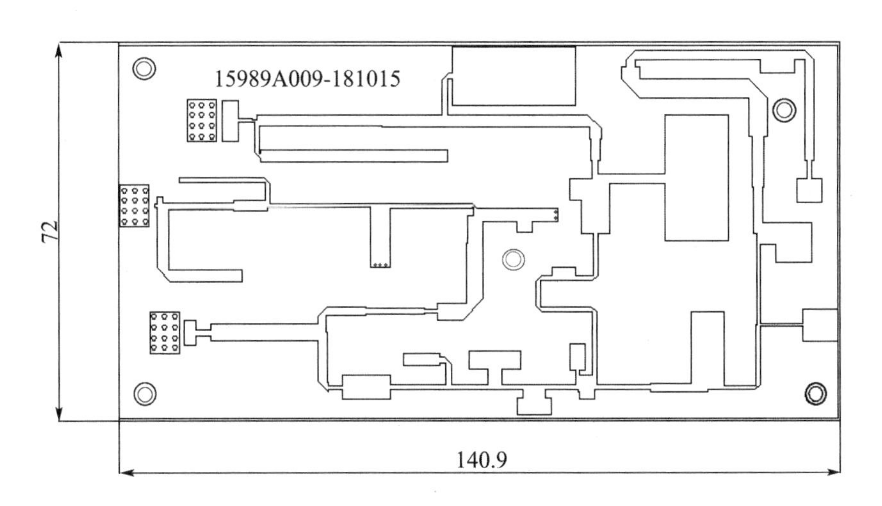


图 5－5　馈电网络

## 5.3 天线测试报告

电性能检测结果如表 5－1 所示。

表 5－1 电性能检测结果

| 序号 | 检验项目 | 技术要求 | 单位 | 测试频率（MHz） | 检验结果 |
|---|---|---|---|---|---|
| | | | | | 垂直极化 |
| 1 | 增益 | 3.5 | dBi | 698 | 4.75 |
| | | | | 750 | 5.78 |
| | | | | 800 | 5.66 |
| | | | | 850 | 5.47 |
| | | | | 900 | 4.7 |
| | | | | 960 | 3.84 |
| | | 4 | | 1710 | 4.49 |
| | | | | 1800 | 4.26 |
| | | | | 1900 | 6.07 |
| | | | | 2000 | 7.48 |
| | | | | 2100 | 8.16 |
| | | 7 | | 2200 | 7.91 |
| | | | | 2300 | 8.07 |
| | | | | 2400 | 7.6 |
| | | | | 2500 | 8.7 |
| | | | | 2600 | 7.92 |
| | | | | 2700 | 7.01 |
| | | 8 | | 3300 | 8.22 |
| | | | | 3400 | 9.63 |
| | | | | 3500 | 9.08 |
| | | | | 3600 | 8.3 |
| | | | | 3700 | 8.71 |
| | | | | 3800 | 8.65 |

续上表

| 序号 | 检验项目 | 技术要求 | 单位 | 测试频率（MHz） | 检验结果 |
|---|---|---|---|---|---|
| | | | | | 垂直极化 |
| 2 | 垂直面波瓣宽度（3dB） | 60 | deg | 698 | 74.07 |
| | | | | 750 | 68.42 |
| | | | | 800 | 68.45 |
| | | | | 850 | 60.23 |
| | | | | 900 | 57.29 |
| | | | | 960 | 54.91 |
| | | | | 1710 | 58.27 |
| | | | | 1800 | 62.15 |
| | | | | 1900 | 64.6 |
| | | | | 2000 | 60.62 |
| | | | | 2100 | 58.51 |
| | | | | 2200 | 59.2 |
| | | | | 2300 | 61.58 |
| | | | | 2400 | 59.09 |
| | | | | 2500 | 56.82 |
| | | | | 2600 | 72.92 |
| | | | | 2700 | 72.4 |
| | | | | 3300 | 55.95 |
| | | | | 3400 | 53.12 |
| | | | | 3500 | 57.5 |
| | | | | 3600 | 67.27 |
| | | | | 3700 | 58.82 |
| | | | | 3800 | 68.59 |
| 3 | 驻波比 | — | — | 698～960 | <1.81 |
| | | | | 1710～2700 | <1.80 |
| | | | | 3300～3800 | <1.68 |

电性能测试图如图 5－6 所示。

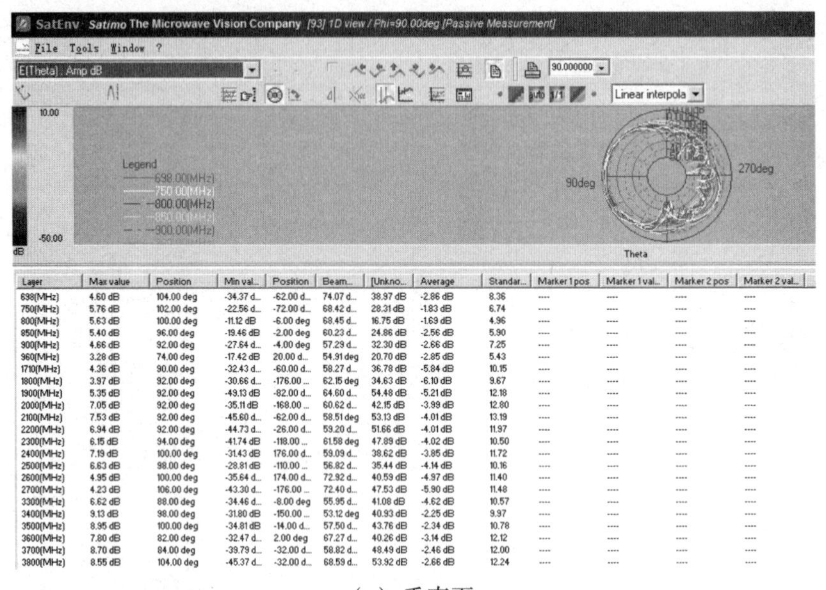


| Layer | Max value | Position | Min val... | Position | Beam... | [Unkno... | Average | Standar... | Marker 1 pos | Marker 1 val... | Marker 2 pos | Marker 2 val... |
|---|---|---|---|---|---|---|---|---|---|---|---|---|
| 698(MHz) | 4.60 dB | 104.00 deg | -34.37 d... | -62.00 d... | 74.07 d... | 38.97 dB | -2.86 dB | 8.36 | ---- | ---- | ---- | ---- |
| 750(MHz) | 5.76 dB | 102.00 deg | -22.56 d... | -72.00 d... | 68.42 d... | 28.31 dB | -1.83 dB | 6.74 | ---- | ---- | ---- | ---- |
| 800(MHz) | 5.63 dB | 100.00 deg | -11.12 dB | -6.00 deg | 68.45 d... | 16.75 dB | -1.69 dB | 4.96 | ---- | ---- | ---- | ---- |
| 850(MHz) | 5.40 dB | 96.00 deg | -19.46 dB | -2.00 deg | 60.23 d... | 24.86 dB | -2.56 dB | 5.90 | ---- | ---- | ---- | ---- |
| 900(MHz) | 4.66 dB | 92.00 deg | -27.64 d... | -4.00 deg | 57.29 d... | 32.30 dB | -2.66 dB | 7.25 | ---- | ---- | ---- | ---- |
| 960(MHz) | 3.28 dB | 74.00 deg | -17.42 dB | 20.00 d... | 54.91 deg | 20.70 dB | -2.85 dB | 5.43 | ---- | ---- | ---- | ---- |
| 1710(MHz) | 4.36 dB | 90.00 deg | -32.43 d... | -60.00 d... | 58.27 d... | 36.78 dB | -5.84 dB | 10.15 | ---- | ---- | ---- | ---- |
| 1800(MHz) | 3.97 dB | 92.00 deg | -30.66 d... | -176.00 ... | 62.15 deg | 34.63 dB | -6.10 dB | 9.67 | ---- | ---- | ---- | ---- |
| 1900(MHz) | 5.35 dB | 92.00 deg | -49.13 dB | -82.00 d... | 64.60 d... | 54.48 dB | -5.21 dB | 12.18 | ---- | ---- | ---- | ---- |
| 2000(MHz) | 7.05 dB | 92.00 deg | -35.11 dB | -168.00 ... | 60.62 d... | 42.15 dB | -3.99 dB | 12.80 | ---- | ---- | ---- | ---- |
| 2100(MHz) | 7.53 dB | 92.00 deg | -45.60 d... | -62.00 d... | 58.51 deg | 53.13 dB | -4.01 dB | 13.19 | ---- | ---- | ---- | ---- |
| 2200(MHz) | 6.94 dB | 92.00 deg | -44.73 d... | -26.00 d... | 59.20 d... | 51.66 dB | -4.01 dB | 11.97 | ---- | ---- | ---- | ---- |
| 2300(MHz) | 6.15 dB | 94.00 deg | -41.74 dB | -118.00 ... | 61.58 deg | 47.89 dB | -4.02 dB | 10.50 | ---- | ---- | ---- | ---- |
| 2400(MHz) | 7.19 dB | 100.00 deg | -31.43 dB | 176.00 d... | 59.09 d... | 38.62 dB | -3.85 dB | 11.72 | ---- | ---- | ---- | ---- |
| 2500(MHz) | 6.63 dB | 98.00 deg | -28.81 dB | -110.00 ... | 56.82 d... | 35.44 dB | -4.14 dB | 10.16 | ---- | ---- | ---- | ---- |
| 2600(MHz) | 4.95 dB | 100.00 deg | -35.64 d... | 174.00 d... | 72.92 d... | 40.59 dB | -4.97 dB | 11.40 | ---- | ---- | ---- | ---- |
| 2700(MHz) | 4.23 dB | 106.00 deg | -43.30 d... | -176.00 ... | 72.40 d... | 47.53 dB | -5.90 dB | 11.48 | ---- | ---- | ---- | ---- |
| 3300(MHz) | 6.62 dB | 88.00 deg | -34.46 d... | -8.00 deg | 55.95 d... | 41.08 dB | -4.62 dB | 10.57 | ---- | ---- | ---- | ---- |
| 3400(MHz) | 9.13 dB | 98.00 deg | -31.80 dB | -150.00 ... | 53.12 deg | 40.93 dB | -2.25 dB | 9.97 | ---- | ---- | ---- | ---- |
| 3500(MHz) | 8.95 dB | 100.00 deg | -34.81 dB | -14.00 d... | 57.50 d... | 43.76 dB | -2.34 dB | 10.78 | ---- | ---- | ---- | ---- |
| 3600(MHz) | 7.80 dB | 82.00 deg | -32.47 d... | 2.00 deg | 67.27 d... | 40.26 dB | -3.14 dB | 12.12 | ---- | ---- | ---- | ---- |
| 3700(MHz) | 8.70 dB | 84.00 deg | -39.79 d... | -32.00 d... | 58.82 d... | 48.49 dB | -2.46 dB | 12.00 | ---- | ---- | ---- | ---- |
| 3800(MHz) | 8.55 dB | 104.00 deg | -45.37 d... | -32.00 d... | 68.59 d... | 53.92 dB | -2.66 dB | 12.24 | ---- | ---- | ---- | ---- |

（a）垂直面

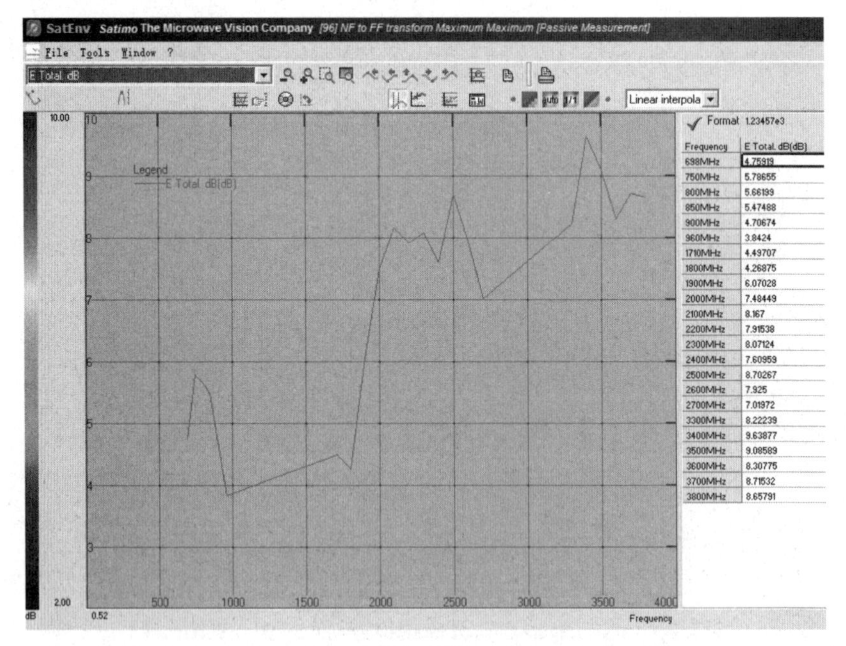


| Frequency | E Total. dB(dB) |
|---|---|
| 698MHz | 4.75919 |
| 750MHz | 5.78655 |
| 800MHz | 5.66199 |
| 850MHz | 5.47488 |
| 900MHz | 4.70674 |
| 960MHz | 3.8424 |
| 1710MHz | 4.49707 |
| 1800MHz | 4.26875 |
| 1900MHz | 6.07028 |
| 2000MHz | 7.48449 |
| 2100MHz | 8.167 |
| 2200MHz | 7.91538 |
| 2300MHz | 8.07124 |
| 2400MHz | 7.60959 |
| 2500MHz | 8.70267 |
| 2600MHz | 7.925 |
| 2700MHz | 7.01972 |
| 3300MHz | 8.22239 |
| 3400MHz | 9.63877 |
| 3500MHz | 9.08589 |
| 3600MHz | 8.30775 |
| 3700MHz | 8.71532 |
| 3800MHz | 8.65791 |

（b）增益

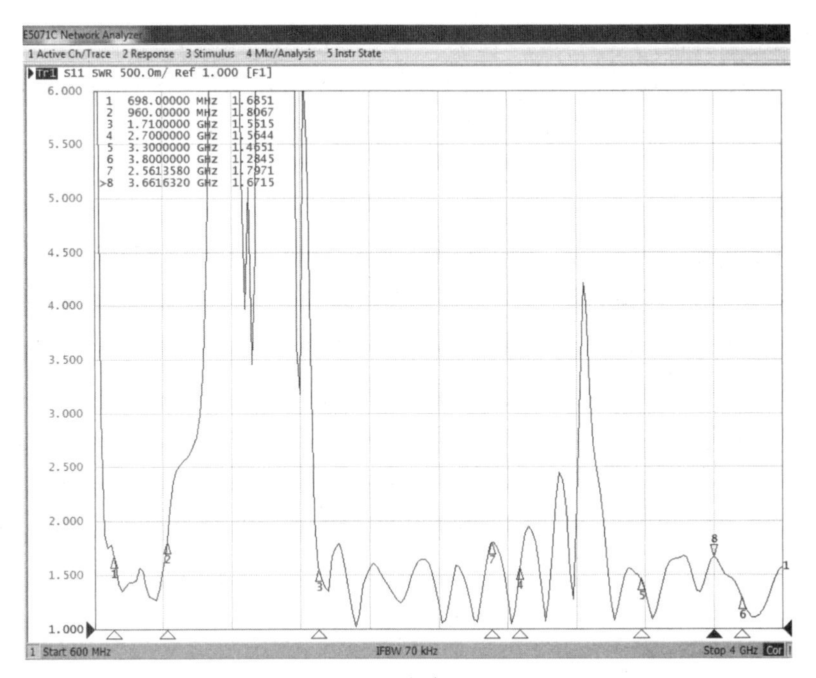


（c）驻波比

（d）测试现场图

图5-6 电性能测试图

# 第6章　适应于5G的车载通信的多端口MIMO天线

车载5G通信作为未来5G通信的一个重要分支，近年来一直受到广泛关注。车载通信要求端毫秒级的时延和近100%的可靠性，同时需要满足高速移动条件下一致的业务体验。因而常规的MIMO（Multiple Input Multiple Output）天线已无法满足上述需求，需要更多端口的MIMO天线来获取更高的频谱效率和通信容量。[45]

针对多端口MIMO天线，文献［46］中设计了一款8单元的方环天线，首次在手机天线中采用了极化分集来提高隔离度，其具有高隔离度和结构简单的特点。文献［47］提出了一款T形功分器馈电的双极化贴片天线，采用多层PCB和耦合馈电，能提高带宽。基于此单元的大规模MIMO天线，可以作为5G微基站的备选方案。上述两款天线在带宽上只能覆盖5G低频段备选频段的一部分。在提高隔离度上，在端口间增加一条电流路径，使原来的耦合电流与中和线引入的电流抵消，获得了29.5dB的隔离度改善。[48]文献［49］设计了一款工作在WLAN频段的3×3MIMO天线，天线单元采用具有端射性能的八木天线。利用方向图分集可获得较高的隔离度。

一些其他去耦技术，如地板去耦技术[50]、去耦网络[51]、阻挡技术[52]等，都可以取到良好的解耦效果，从而获得较高的端口隔离度。然而对于5G目前备用的sub-6G频段，几乎没有天线能全部覆盖这些频段或者端口数量过少，不能满足5G通信要求。

本章设计了一款应用于车载5G通信的6端口MIMO天线。天线单元采用耦合馈电的形式。为了实现多频和宽带，充分激发缝隙谐振模式、偶极子谐振模式和寄生枝节谐振模式，使天线能覆盖2.47－2.67GHz、3.27－5.05GHz。采用了寄生枝节和方向图分集，全频段隔离度大于21dB。

## 6.1　天线结构

如图6－1所示，天线基板采用厚度为1mm，直径114mm，介电常数4.4的FR4介质板。天线单元包括上表面的馈电巴伦、下表面的偶极子、宽缝和寄生枝节。宽缝、偶极子、寄生枝节可各激励出一个模式，多个谐振模式共同作用实现了宽带和多频。天线的关键尺寸标注如图6－1所示，将单元顺序旋转60°排布形成MIMO天线，共用一个地板。大的地板可以让单元方向图呈现端射性能，实现良好的方向图分集，从而提高单元间的隔离度。在相邻单元间，设置T形枝节，可以进一步提高隔离度。

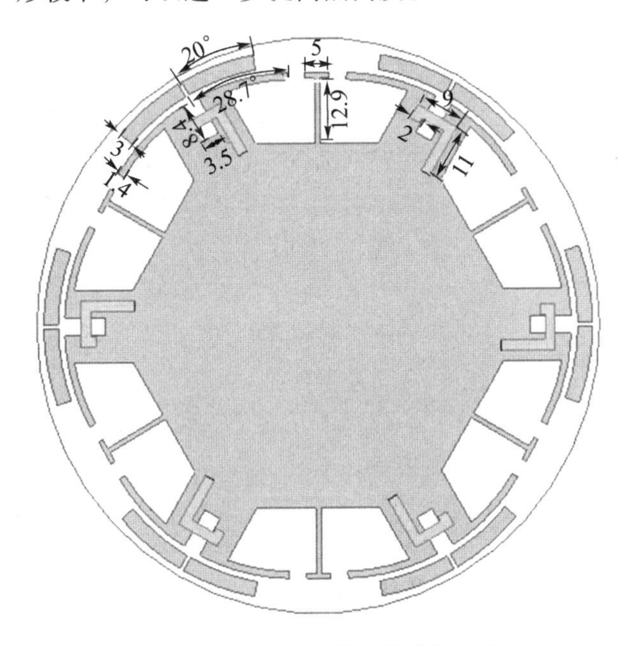


图6－1　MIMO天线结构图与尺寸

## 6.2　结果与原理分析

### 6.2.1　宽带与多频原理分析

图6－2给出了天线单元的设计过程，包括3个参考天线。参考天线1为一个巴伦耦合馈电的宽缝天线，其可以在2.5GHz附近产生一个谐振，这里称之为缝隙谐振模式。参考天线2是天线1的基础上在宽缝边缘设计偶极子，该偶极子可以产生一个3.5GHz附近的谐振，为偶极子谐振模式。至此已经覆盖了5G备用频段的2.6GHz和3.5GHz，为了覆盖备选频段的4.8－5.0GHz，

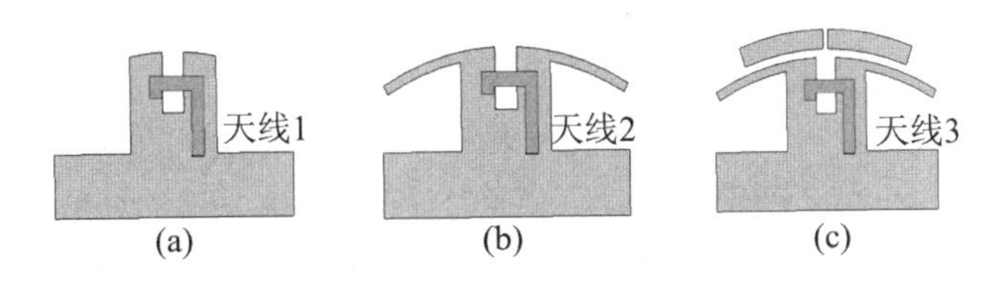


图6－2　天线单元设计过程

在天线2的基础上增加一寄生枝节形成天线3，天线3可以在4.9GHz附近产生一个谐振，为寄生枝节谐振模式。天线3即为最终的天线单元模型。3个参考天线对应的S参数如图6-3所示。通过缝隙谐振模式、偶极子谐振模式和寄生枝节谐振模式共同作用，天线能覆盖5G备用频段2.6GHz、3.5GHz和4.9GHz频段。

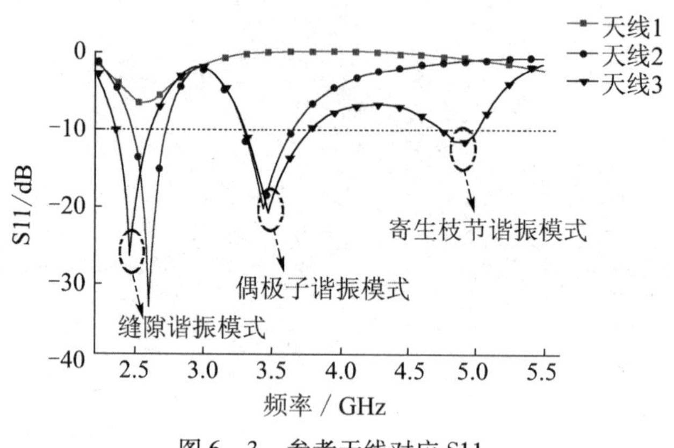


图6-3　参考天线对应S11

### 6.2.2　高隔离度分析

由于天线具有对称性，在分析隔离度时，可选取分析端口1与端口2、端口3、端口4，即可分析到所有端口关系。如图6-4所示，所设计MIMO天线在不增加如何隔离措施的条件下，端口1与端口2之间隔离度大于15dB，端口1与端口3、端口4的隔离度分别为26dB和27dB。此时具有较高隔离度的原因是单元间的方向图分集。图6-5给出了天线在2.5GHz、3.5GHz和

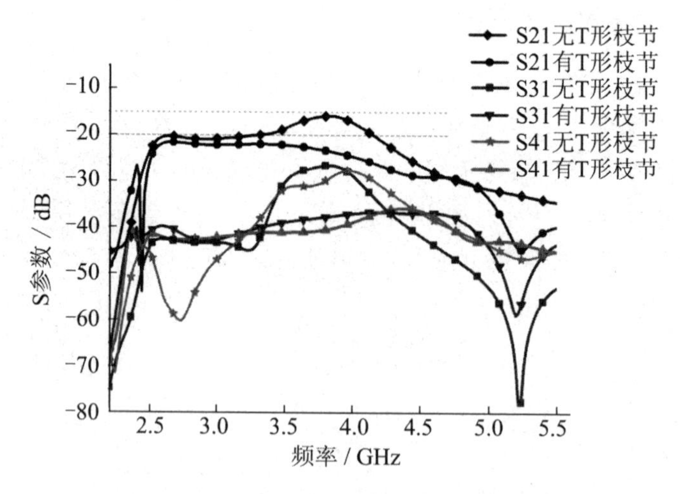


图6-4　有无T形枝节对应的端口隔离度

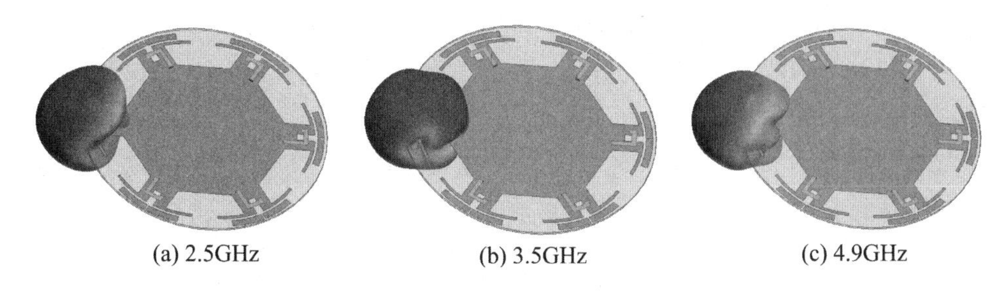


图6－5　一端口3D方向图

4.9GHz三个频点的3D方向图。可以看出，在各点均具有端射特性。这样具有定向性的方向图，一个单元辐射出的能量被另一单元接收的部分就将大大减小，从而具有较高隔离度。

为了进一步提高单元间的隔离度，在相邻单元间增加T形枝节，增加T形枝节后的隔离度如图6－4所示，端口1与端口2枝节隔离度提高到21dB，提升了6dB。端口1与端口3、端口4的隔离度提升到35dB和36dB。由图6－5可知T形枝节主要对3.7GHz附近隔离度有大幅提升。图6－6给出3.7GHz端口1馈电时整个天线的电流幅度分布。由图6－6（a）可知，当无T形枝节时，端口2有较强电流分布，而端口1、端口2间地板上电流并不强，可知端口2的耦合主要来自空间耦合而非地板电流，因此选用地板枝节解耦而非地板缝隙解耦。由图6－6（b）可知，增加了T形枝节后，大部分电流耦合到了T形枝节上，因此大幅提高了端口隔离度。

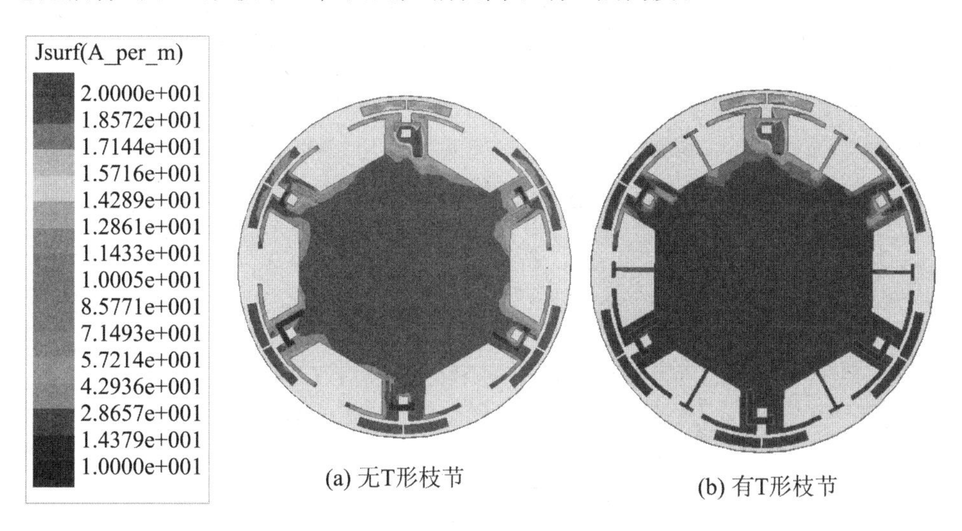


图6－6　有无T形枝节对应的电流幅度分布

## 6.3 仿真结果

### 6.3.1 S参数仿真结果

将参考天线3顺序旋转60°的形式布局，经过尺寸微调，并引入T形枝节，可得到最终设计的MIMO天线。所设计的MIMO天线S参数如图6-7所示。

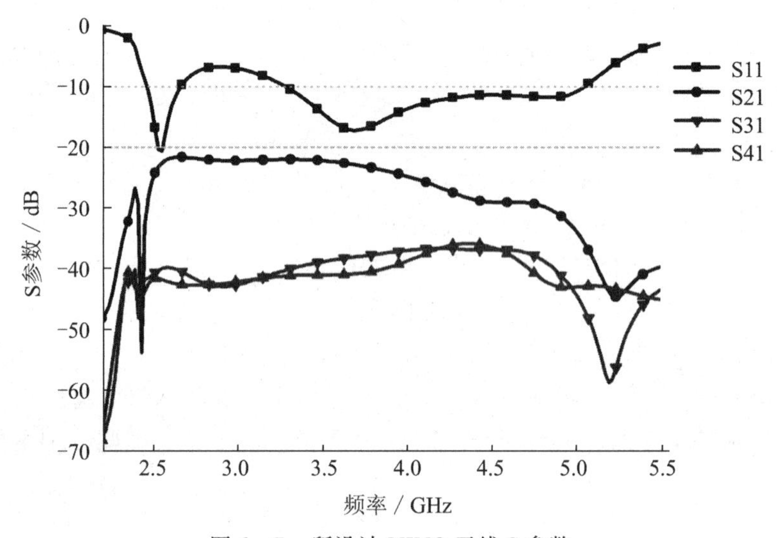


图6-7 所设计MIMO天线S参数

其中S11小于-10dB频段，范围为：2.47-2.67GHz、3.29-5.05GHz。覆盖了5G备选频段中低频2.55-2.65GHz、3.3-3.8GHz、4.8-5.0GHz的所有频段。相邻端口隔离度大于21dB，其他端口隔离度大于35dB，具有良好的端口隔离特性。

### 6.3.2 方向图

图6-8分别给出了2.6GHz、3.5GHz和4.9GHz的水平面方向图。6个端口各覆盖一个扇区。2.6GHz时单元的峰值增益为3.8dBi、扇区交界处最小增益为2.5dB。3.5GHz处单元的峰值增益为4.3dBi、扇区交界处最小增益为1.7dB。4.9GHz处单元的峰值增益为4.8dBi、扇区交界处最小增益为1.6dB。表现出了良好的覆盖特性。

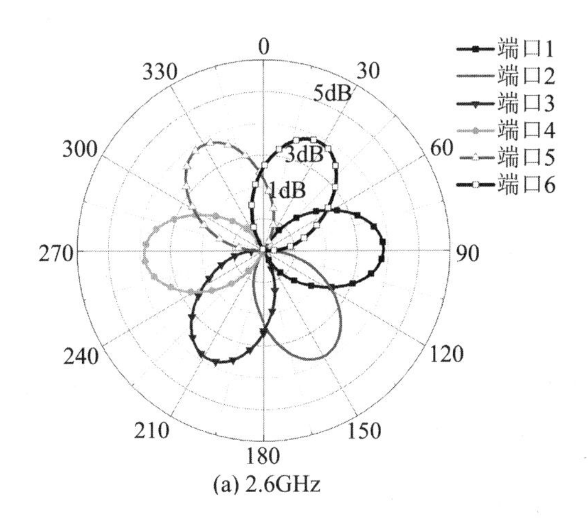

(a) 2.6GHz

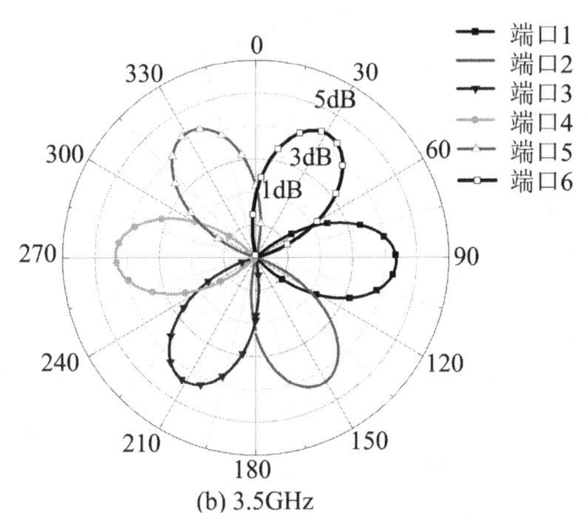

(b) 3.5GHz

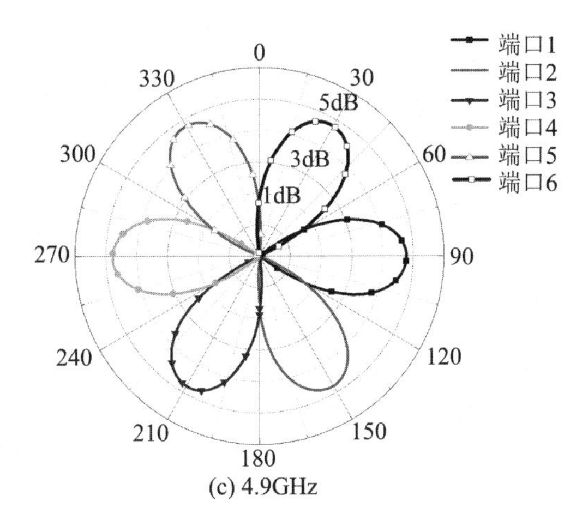

(c) 4.9GHz

6－8 所设计 MIMO 天线不同频点水平面方向图

### 6.3.3 ECC

天线的包络相关系数仿真结果如图6－9所示，基于S参数计算。[53]仿真结果表明，相邻端口ECC小于0.012，其他端口更小，趋于0。满足终端类天线对ECC的要求。

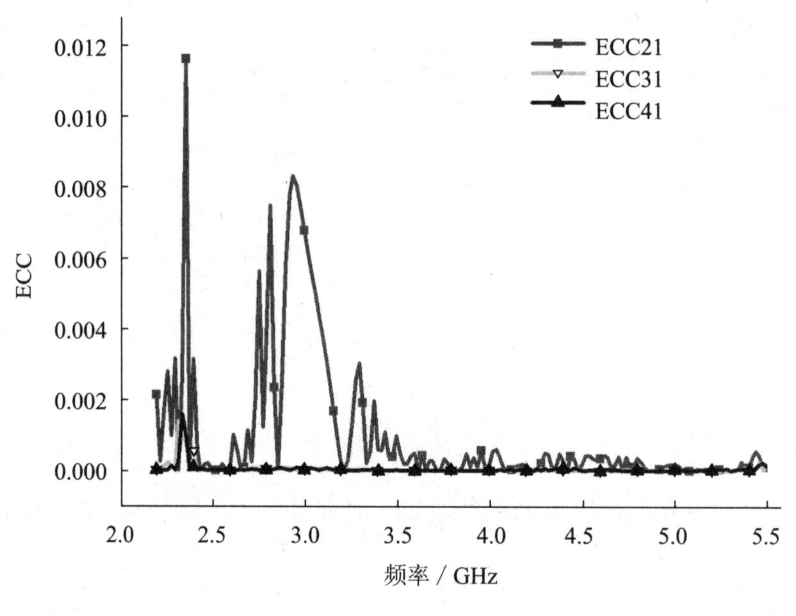


图6－9　天线仿真ECC

## 6.4 结论

本章提出了一款应用于5G车载通信的多端口MIMO天线，天线通过多谐振模式共同作用实现了多频和宽带，能覆盖2.47－2.67GHz、3.29－5.05GHz。基于方向图分集和T形枝节的合理引入，获得了大于21dB的端口隔离度。天线结构简单、易于加工，可作为5G车载通信的备选天线。

# 参考文献


[1] 刘占成，马龙. 浅谈4G通信技术应用前景［J］. 合作经济与科技，2013（10）：127-128.

[2] 闫凌，游荐波. 浅谈4G通信的关键技术［J］. 科技信息，2009（11）：632-633.

[3] 王亚军，张艳. 4G通信中的关键技术之智能天线技术［J］. 信息通信，2015（1）：213-215.

[4] 范琳琳. 4G通信时代的LTE技术发展情况探讨［J］. 中国新通信，2015（14）：25-26.

[5] 朱洪野. 基于4G通信中LTE技术发展分析［J］. 中国新通信，2016（11）：31.

[6] 方睿，李日欣，郭庆. OFDM技术发展综述［J］. 通信技术，2010（8）：132-134.

[7] 高书强，程章文. 智能天线技术的原理与应用［J］. 计算机产品与流通，2017（7）：141-142.

[8] 王海涛. 智能天线技术的研究［J］. 科技创新与应用，2017（9）：70.

[9] 陈忠民，田增山. 浅谈软件无线电技术及其在4G中的应用［J］. 电信快报，2006（1）：44-46.

[10] 牟亚南，陈金鹰，朱军. 移动IPv6技术在下一代互联网的应用探讨［J］. 通信与信息技术，2013，11（6）：72-74.

[11] 韩苏丹. 4G移动通信网络技术的发展现状及前景分析［J］. 电信快报，2014（2）：39-48.

[12] 程福宇，刘桂莲. 美化天线——移动通信基站建设新方案［J］. 黑龙江科技信息，2007（11）：39.

[13] 李嵘峥. 浅谈移动通信基站天线的美化与隐藏［J］. 大众科技，2010（4）：59-60.

[14] 刘俊. 浅谈美化天线的应用及发展［J］. 中国新通信，2018（7）：93.

[15] 王吟墨. 美化天线的应用和发展趋势［J］. 信息系统工程，2012（1）：101-102.

[16] 洪鹰群. 浅谈美化天线建设［J］. 广东科技，2009（2）：86-88.

[17] 苏小兵. 美化天线在移动通信中的应用［J］. 电信技术，2011（12）：52-54.

[18] 冯毅，栾帅，许琚. 5G网络对天线及技术性能和质量的要求探讨［J］. 电信技术，2017（11）：113.

[19] 张洋祥. 第四代（4G）移动通信技术研究［M］. 教育技术导刊，2009（6）：3-5.

[20] 彭景乐. 5G移动通信发展趋势与相关关键技术的探讨［J］. 中国新通信，2014（20）：52.

[21] 尤肖虎. 对5G移动通信发展的思考［J］. 中兴通讯技术，2015（1）：2-3.

[22] Balanis C A. AntennaTheoiy：Analysis and Design［M］. John Wiley and Sons，2005.

[23] 苏道一. 移动通信系统中天线的分析与设计［D］. 西安电子科技大学，2008.

[24] 何廷润，蒋天俊. 5G需要“频谱路线图保驾护航”［J］. 通信世界，2015

(21): 19.

[25] Wong K L. Compact and Broadband Microstrip Antennas [M]. John Wiley and Sons, 2002.

[26] Bao Z, Nie Z, Zong X. A Novel Broadband Dual-Polarization Antenna Utilizing Strong Mutual Coupling [J]. IEEE Transactions on Antennas and Propagation, 2014, 62 (1): 450 -454.

[27] Chu Q X, Wen D L, Luo Y. A Broadband 45 Dual-Polarized Antenna With Y-Shaped Feeding Lines [J]. IEEE Transactions on Antennas and Propagation, 2014, 63 (2): 1.

[28] Jin Y, Du Z. Broadband Dual-Polarized F-Probe Fed Stacked Patch Antenna for Base Stations [J]. IEEE Antennas and Wireless Propagation Letters, 2015, 14: 1121 -1124.

[29] Gao S, Li L W, Leong M S, et al. A broad-band dual-polarized microstrip patch antenna withaperture coupling [J]. IEEE Transactions on Antennas and Propagation, 2003, 51 (4): 898 -900.

[30] Hang W, Lau K L, Luk K M. Design of dual-polarized L-probe patch antenna arrays with high isolation [J]. IEEE Transaction on Antennas and Propagation, 2004, 52 (1): 45 -52.

[31] Wu B Q, Luk K M. A broadband dual-polarized magneto-electric dipole antenna [C]. Antennas and Propagation Society International.

[32] 张关喜. 移动通信关键技术研究 [D]. 西安电子科技大学, 2016.

[33] Park S, Tsunemitsu Y, HirokawaJ, et al. Center Feed Single Layer slotted Waveguide Array [J]. IEEE Transactions on Antennas and Propagation, 2006, 54 (5): 1474 -1480.

[34] 许森, 张光辉, 曹磊. 大规模多天线系统的技术展望 [J]. 电信技术, 2013 (12): 25 -28.

[35] 刘宁, 袁宏伟. 5G 大规模天线系统研究现状及发展趋势 [J]. 电子科技, 2015 (4): 182 -185.

[36] Fredrik Rusek, Daniel Persson, Buon Kiong Lau. Scaling up MIMO: opportunities and challenges with very large arrays [J]. IEEE Signal Processing Magazine, 2012 (1): 1 -30.

[37] Osama N A, Elpiniki T, Howard Huang. Beamforming vialarge and dense antenna arrays above a clutter [J]. IEEE Journal of Selected Areas in Communications, 2013, 31 (2): 314 -324.

[38] Hoydis J, Ten Brink S, Debbah M. Massive MIMO in the UL/DL of cellular networks: how many antennas do we need? [J]. IEEE Journal on Selected Areas in Communications, 2013, 31 (2): 160 -171.

[39] 张长青. 面向5G的大规模 MIMO 天线阵列研究 [J]. 邮电设计技术, 2016 (03): 34 -39.

[40] 李坤江. RRU 与天体一体化设备在 TD-LTE 网络建设中的应用研究 [J]. 移动通信, 2013 (24): 80 -83.

[41] 吕国梁. 一体化隐蔽天线创新解决方案应用——“惠州一江两岸广告牌隐蔽方案” [J]. 应用技术与研究, 2012.

[42] 潘广津，赵明伟，孙同伦，等. 一体化增强型美化天线应用研究 [J]. 经验与交流，2013 (10): 56 - 59.

[43] 董健，李晓明，王超，等. 高层建筑覆盖新型天线的应用及其分析 [J]. 电信工程技术与标准化，2018 (1): 25 - 27.

[44] 黄晓明. 5G 要求天线进行颠覆性革新 [J]. 电信技术，2017 (11): 92.

[45] 张平，陶运铮，张治. 5G 若干关键技术评述 [J]. 通信学报，2016, 37 (07): 15 - 29.

[46] Li M Y, Ban Y L, Xu Z Q, et al. Eight-Port Orthogonally Dual-Polarized Antenna Array for 5G Smartphone Applications [J]. IEEE Transactions on Antennas and Propagation, 2016, 64 (9): 3820 - 3830.

[47] Gao Y, Ma R, Wang Y, et al. Stacked Patch Antenna With Dual-Polarization and Low Mutual Coupling for Massive MIMO, IEEE Transactions on Antennas and Propagation, 2016, 64 (10): 4544 - 4549.

[48] 王彬彬，姜文，龚书喜. 应用于 WLAN 的双频段 MIMO 天线设计 [J]. 微波学报，2016, 32 (S2): 486 - 489.

[49] Capobianco A D, Pigozzo F M, Assalini A, et al. A Compact MIMO Array of Planar End-Fire Antennas for WLAN Applications [J]. IEEE Transactions on, Antennas & Propagation 2011, 59 (9): 3462 - 3465.

[50] Deng J Y, Guo L X, Liu X L. An Ultrawideband MIMO Antenna With a High Isolation [J]. IEEE Antennas & Wireless Propagation Letters, 2015, 15 (3670): 1.

[51] Chen S C, Wang Y S, Chung S J. A Decoupling Technique for Increasing the Port Isolation Between Two Strongly Coupled Antennas [J]. IEEE Transactions on Antennas & Propagation, 2009, 56 (12): 3650 - 3658.

[52] Zhai G, Chen Z N, Qing X. Enhanced Isolation of a Closely Spaced Four-Element MIMO Antenna System Using Metamaterial Mushroom [J]. IEEE Transactions on Antennas & Propagation, 2015, 63 (8): 3362 - 3370.

[53] Blanch S, Romeu J, Corbella I. Exact representation of antenna system diversity performance from input parameter description [J]. Frequenz, 2003, 39 (9): 705 - 707.